中等职业教育化学工艺专业系列教材

全国化工中等职业教育教学指导委员会审定

电工基础

第二版

张 洪 张 玲 主编 何迎健 主审

化学工业出版社

·北京·

本教材属于非电类专业的基础性教材，打破了传统教材的结构体系，根据中等职业学校的培养目标，针对企业岗位群需求，以淡化理论、必需够用为原则，以内容精炼、新颖实用为特色，对培养学生学习兴趣和学习能力非常有利。

本教材以直流电路的基本知识、交流电路的基本知识、常用电气设备、安全用电四大课题为主线，以全电路欧姆定律、电阻的串联与并联、基尔霍夫定律、单相交流电路、三相交流电路、磁场与电磁感应、变压器、电动机、三相异步电动机的控制、安全用电基本知识、电气事故的急救处理十一个项目为基本结构，以现代工人为培养目标，以教学的有效性为出发点，以知识拓展为选修和分层，在举例时尽可能考虑用生产、生活中常见的事例，在每一个知识点里分别设有“想一想”、“议一议”、“看一看”、“做一做”等小栏目来吸引学生，使教材新颖、活泼、实用、趣味性增强。每一个项目后均有做做练练（填空、判断、选择、计算、问答），每一个课题后均有重要提示（小结），且理论与实训融为一体。

本教材可供中等职业学校非电类专业使用，既可作为电工技术课程的理论（包括实训）教材，也可作为岗位培训教材和师生教学参考书。

图书在版编目（CIP）数据

电工基础/张洪，张玲主编．—2版．—北京：化学工业出版社，2016.4（2024.9重印）
中等职业教育化学工艺专业系列教材　全国化工中等职业教育教学指导委员会审定
ISBN 978-7-122-26464-0

Ⅰ.①电…　Ⅱ.①张…②张…　Ⅲ.①电工学-中等专业学校-教材　Ⅳ.①TM1

中国版本图书馆CIP数据核字（2016）第046430号

责任编辑：廉　静　旷英姿　　装帧设计：王晓宇
责任校对：宋　玮

出版发行：化学工业出版社（北京市东城区青年湖南街13号　邮政编码100011）
印　　装：北京科印技术咨询服务有限公司数码印刷分部
787mm×1092mm　1/16　印张$7\frac{3}{4}$　字数170千字　　2024年9月北京第2版第5次印刷

购书咨询：010-64518888　　售后服务：010-64518899
网　　址：http://www.cip.com.cn
凡购买本书，如有缺损质量问题，本社销售中心负责调换。

定　　价：25.00元

前　言

本书是在2008年出版的中等职业教育化学工艺专业规划教材《电工基础》的基础上，根据全国中等职业教学指导委员会新制定的化学工艺专业教学标准，从行业的需求出发，结合近年来中职学生生源和认知规律的变化修订而成的。

本书旨在配合中职化工类专业完成专业学生的培养目标。因此在教材编写中，以实用、够用为原则，以项目为核心重构实践和理论知识，以项目任务为切入点，由浅入深、由易到难，注重思想教育和能力培养。让学生在“做中学，学中做”，充分体现理论与实践一体化教学的理念。

本教材以直流电路的基本知识、交流电路的认识、常用电气设备、安全用电常识四大课题为主线，以全电路欧姆定律、电阻的串联与并联、基尔霍夫定律、单相交流电路、三相交流电路、磁场与电磁感应、变压器、电动机、三相异步电动机的控制、安全用电基本知识、电气事故的急救处理十一个项目为基本结构，以现代工人职业技能（中级）为培养目标，以教学的有效性为出发点，以知识拓展为选修和分层，在举例时尽可能考虑用生产、生活中常见的事例。在每一个知识点里分别设有“想一想”、“议一议”、“看一看”、“做一做”等小栏目来吸引学生，使教材新颖、活泼、实用、趣味性强。通过使用本教材，能够使用学生建立较强的自信心，对本专业的学习产生兴趣。在教材的编写中，按照学生的认知规律，循序渐进，逐步提高，出“理”入“工”，培养学生的兴趣，使学生尽快转变“角色”。

本教材由广东石油化工职业技术学校张洪、张玲负责并担任主编，梁传参编，何迎健主审。本教材编写中，得到了化学工业出版社的大力支持，在此表示衷心的感谢。

由于编者水平的局限性，书中难免存在疏漏和不足，恳请同行和读者批评指正。

编者

2016年1月

第一版前言

本教材是根据国家“十五”规划重点课题“职业技术教育与中国制造业发展研究”子课题“中国化工制造业发展与职业技术教育”所制定的《全国中等职业教育化学工艺专业指导性教学方案》专业课程设置及教学要求中对电工基础课程的主要任务和学时要求编写的。

本教材以直流电路的基本知识、交流电路的基本知识、常用电气设备、安全用电四大课题为主线，以全电路欧姆定律、电阻的串联与并联、基尔霍夫定律、单相交流电路、三相交流电路、磁场与电磁感应、变压器、电动机、三相异步电动机的控制、安全用电基本知识、电气事故的急救处理十一个项目为基本结构，以现代工人为培养目标，以教学的有效性为出发点，以知识拓展为选修和分层，在举例时尽可能考虑用生产、生活中常见的事例，在每一个知识点里分别设有“想一想”、“议一议”、“看一看”、“做一做”等小栏目来吸引学生，使教材新颖、活泼、实用、趣味性强。通过使用本教材，能够使学生建立较强的自信心，对本专业产生浓厚的兴趣。在知识的编写中，按照学生的认知规律，循序渐进，逐步提高，出“理”入工，培养学生的兴趣，使学生尽快转变“角色”。

在教材的编写中，打破传统的章、节框架，以课题、项目、知识为主线，给人耳目一新的感觉。在编写过程中坚持了以下几个原则：一是由浅入深，由易到难；二是实用，本教材中的项目所选内容与国家职业资格鉴定的内容基本一致；三是注重思想教育和能力培养。本教材编写时充分体现以人为本的理念，寓素质教育于课本之中，特别重视学生能力的培养，如动手能力、思维能力、分析和解决问题的能力、创新能力等。

本教材由广东省石油化工职业技术学校张玲同志编写，新疆化工学校何迎建主审。

由于编写时间紧迫，也限于编者水平，教材中不足之处在所难免，敬请各位读者批评指正。

编者

2008 年 4 月

目　录

直流电路的基本知识

项目一　全电路欧姆定律

当合上电源开关后，灯就会亮，人们就可用电视机收看电视节目，用音响放音乐。那是因为电源向各用电器提供了电能，电路中有电流流动的结果。那么一个电路由哪些部分组成？各部分有什么作用？电流是电路的基本物理量，除了电流外，还有哪些物理量？如何知道用电器消耗了多少电能？一个电路中如果有多个用电器，采用不同的连接方式，结果是否相同？通过以下知识的学习，这些问题就能找到答案了。

相关知识点：电路的组成与基本物理量　欧姆定律　电功和电功率

知识一　电路的组成与基本物理量

一、简单的直流电路

按图 1-1 连接线路，合上开关后，观察电流表与电压表指针的变化情况。

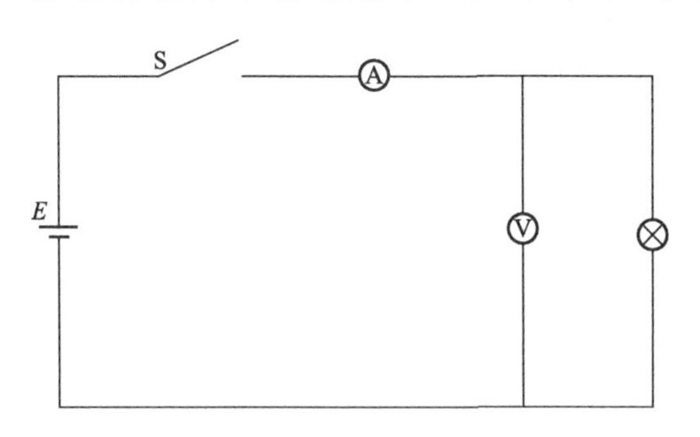

图 1-1　简单直流电路

二、电路的组成及各部分的作用

电路由电源、负载（灯泡）、连接导线和控制装置（开关）组成。

电源是电路中提供电能的装置，其作用是将其他形式的能量转换成电能，如发电机、干电池、蓄电池等。干电池、蓄电池是一种直流电压源，有极性固定不变的正、负极。

负载是电路中使用电能的装置，其作用是把电能转换成其他形式的能量，如电灯、风扇、电动机等。

导线是用来连接电源和负载的，其作用是输送和分配电能。常用的导线有铜导线和铝导线。

控制装置（开关）是用来控制电路通、断的。

对电源而言，电源两极以外的电路称为外电路；电源内部的电路称为内电路。一个闭合的电路就是由内电路和外电路两部分组成，见图 1-2。

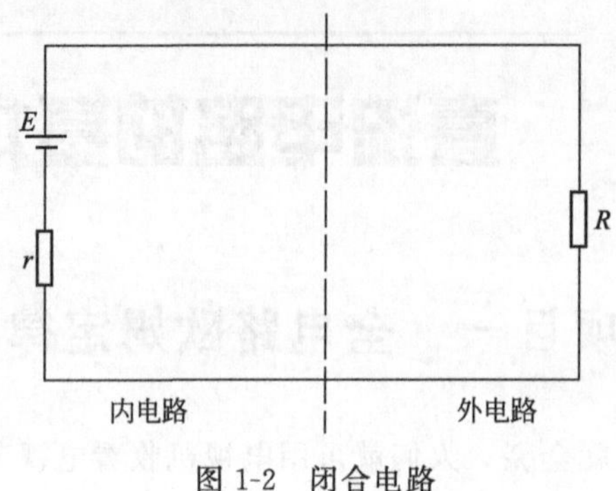

图 1-2　闭合电路

三、电路的基本物理量

1. 电流 I

（1）电流的形成

在教室里，只要合上开关，灯就亮了，风扇就转了，说明灯管和风扇中有电流通过。电荷有规则地定向运动就形成了电流。当电路中有电源提供持续的电压时，在闭合电路中就能产生持续的电流。如图 1-1 所示，电流表指针所指示的数值就是该电路中电流的大小。

（2）电流的方向及单位

习惯上，人们规定正电荷定向移动的方向为电流的方向。根据这一规定，在外电路中，电流的方向由电源的正极指向负极；而在内电路中，则是由电源负极指向正极。如图 1-3 所示。

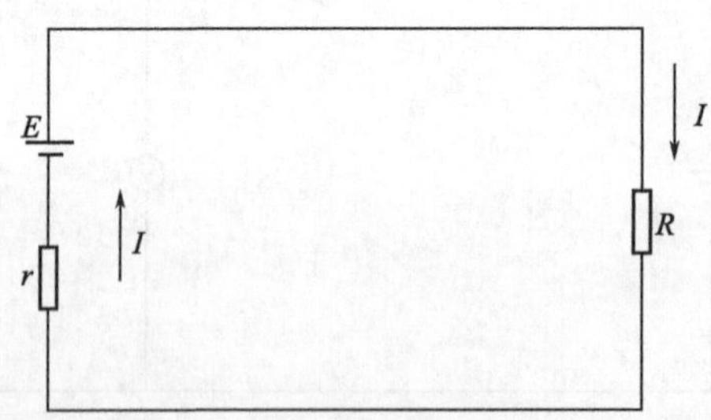

图 1-3　标注电流方向的电路

国际单位制中，电流的单位是 A（安培，简称安）。常用的单位有 mA（毫安）、μA（微安），它们的关系是

$$1\text{A}=10^3\text{mA}$$

$$1\text{mA}=10^3\mu\text{A}$$

2. 电压 U

（1）电压的概念与单位

单位正电荷从一点a移到另一点b电场力所做的功，称为电压，记为U_{ab}。电压的国际单位是V（伏特，简称伏）。常用的单位有kV（千伏）、mV（毫伏）、μV（微伏），它们的关系是

$$1kV=10^3V$$

$$1V=10^3mV$$

$$1mV=10^3\mu V$$

（2）电压的方向

对电源而言，电压的方向由电源的正极指向负极；对负载而言，电流流进端为电压的正极，电流流出端为电压的负极，如图1-4中的U_{ab}所示。

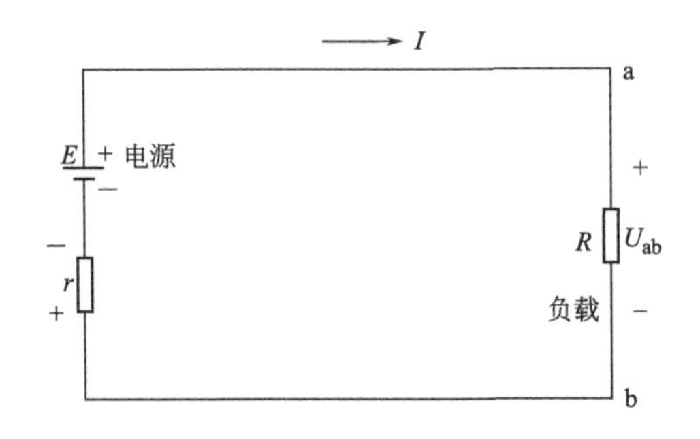

图1-4　标注电流、电压及电动势方向的电路

3. 电位V

（1）电位的概念与单位

所谓电位就是先在电路中选择一个参考点，再看某一点与参考点之间的电压，即为该点的电位。如电路中“a”点电位表示为“V_a”。电位的常用单位也是V。

（2）参考点的选择

一个电路只能选一个参考点，工程中通常选大地为参考点；电子电路中常选多元件汇集并与机壳相连的公共线为参考点，习惯上称为地线，电路图中用符号“⊥”表示。

4. 电动势E

（1）电动势的概念与单位

负载工作时要消耗电能，为了让负载持续工作，就要不断向电路补充电能，这由电源来完成。电源把其他形式的能量转化为电能，如利用化学作用，干电池、蓄电池把化学能转化为电能；依靠电磁感应作用，发电机把机械能转化为电能。反映电源把其他形式的能量转化为电能的本领大小的物理量，叫做电源的电动势（E）。电动势的单位与电压的单位相同。

（2）电动势的方向

电动势的方向规定为从电源负极经电源内部到电源正极的方向，如图1-4所示。

5. 电阻R

（1）电阻的含义

当电流通过金属导体时，作定向运动的电子与金属中的带电粒子发生碰撞，使电子的运动受到阻碍，导体对电流的这种阻碍作用叫做导体的电阻，用字母R表示。

(2) 电阻的大小与单位

导体的电阻是客观存在的，它不随导体两端的电压大小而变化，没有电压，导体仍然有电阻。实验证明，导体的电阻跟导体的长度成正比，跟导体的横截面积成反比，并与导体的材料性质有关，这一结论称为电阻定律。用公式表示为

$$R=\rho\frac{l}{S}$$

式中 l——导体的长度，m；

S——导体的横截面积，m^2；

ρ——导体的电阻率，Ω·m。

国际单位制中，电阻的单位是Ω（欧姆，简称欧）。常用的单位还有kΩ（千欧）、MΩ（兆欧），它们的关系是

$$1\text{M}\Omega=10^3\text{k}\Omega$$
$$1\text{k}\Omega=10^3\Omega$$

想一想

1. 电压与电动势有什么区别？
2. 电压与电位有什么区别？

知识二 全电路欧姆定律

一、部分电路欧姆定律

1. 部分电路的含义

在闭合电路中，不包含电源，只有负载的这部分电路，称为部分电路。如图1-5中虚线框内部分。

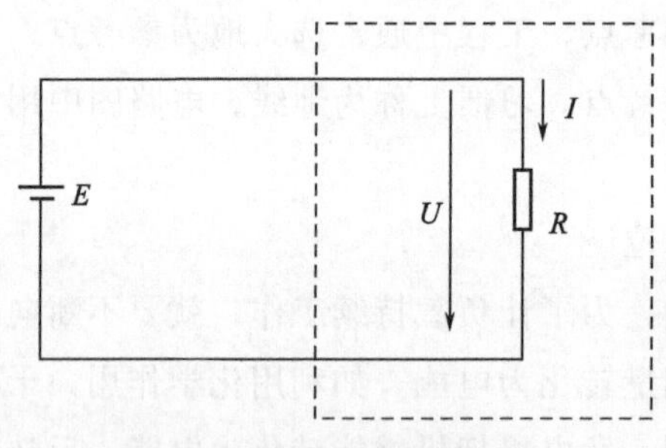

图1-5 部分电路欧姆定律

2. 部分电路欧姆定律

通过一段导体的电流 I，与导体两端的电压 U 成正比，与这段导体的电阻成反比，即

$$I=\frac{U}{R}$$

若 U 与 I 成正比，R 是常数，这种电阻称为线性电阻，由线性电阻组成的电路称为线性电路。若 U 与 I 不成正比，R 就不是一个常数，这种电阻称为非线性电阻。部分电路的欧姆定律只适用于线性电路。

二、全电路欧姆定律

1. 全电路的含义

含有电源的闭合电路称为全电路，如图 1-4 所示。其中，E 为电源电动势；r 为内电路电源的内阻，R 为外电路电阻，即负载。

2. 全电路欧姆定律

全电路中的电流强度 I 与电路的电动势 E 成正比，与整个电路的总电阻 $R+r$ 成反比。用公式表示为

$$I=\frac{E}{R+r}$$

或

$$E=U+Ir，U=E-Ir$$

式中，Ir 是内电路电阻上的电压（内电压），即电源内阻上的电压；U 是外电路的电压（外电压），即电源两端的电压（负载上的电压）。这样全电路欧姆定律又可表述为：电源电动势等于闭合电路的内、外电压之和。

通常情况下，电源的电动势和内阻基本不变，且 r 很小。因此，电路中的电流大小主要受 R 变化的影响。

3. 电路的工作状态

（1）通路

电路处于通路状态时，由全电路欧姆定律可知，若 R 增大，电流 I 就减小，U 则增大；若 R 减小，电流 I 就增大，U 则减小。

（2）断路

电路处于断路状态时，相当于 $R\rightarrow\infty$，则 $I=0$，$U=E$，即电源的开路电压等于电源的电动势，这就提供了测量电源电动势的依据。

（3）短路

电路处于短路状态时，相当于 $R\rightarrow 0$，即电源被导线短接，此时 $I=E/r$，称为短路电流。由于 r 很小，所以短路电流很大，足以损坏电源，甚至酿成火灾。此时，$U=0$。

试一试

上网查找一下短路造成的危害。

【例 1-1】 已知某电炉接在 220V 电源上，正常工作时流过电阻的电流为 5A。试求此时电阻丝的电阻值。

解　由 $I=\frac{U}{R}$ 可知

$$R=\frac{U}{I}=\frac{220}{5}=44\ (\Omega)$$

【例 1-2】 已知某电池的开路电压为 1.5V，内阻为 1Ω，外接负载电阻为 9Ω。求电路中通过的电流、电池两端的电压和电池内部的电压。

解　电池的开路电压即为电源的电动势 E，为 1.5V。

由 $I=\dfrac{E}{R+r}$ 可知，

$$I=\frac{1.5}{9+1}=0.15\ (\mathrm{A})$$

电池两端的电压即为外电路电压 U，则

$$U=IR=0.15\times 9=1.35\ (\mathrm{V})$$

电池内部的电压即为内电阻上的电压 U_0，则

$$U_0=Ir=0.15\times 1=0.15\ (\mathrm{V})$$

知识三 电功和电功率

一、电功 W

1. 电功的概念

电流通过电路时，电场力使电荷从一点移到另一点时电流所做的功，叫做电功，用字母 W 表示。

2. 电功的计算公式与单位

计算电流做功的普遍公式是

$$W=UIt$$

若负载是线性电阻，如白炽灯、电炉、电烙铁等，则计算电流做功的公式为

$$W=UIt=I^2Rt=\frac{U^2}{R}t$$

国际单位制中，电功的单位是 J（焦耳）。

二、电功率 P

1. 电功率的概念

电流在单位时间内所做的功叫做电功率，它反映了电流做功的快慢程度，用字母 P 表示。

2. 电功率的计算公式与单位

计算部分电路的电功率的普遍公式是

$$P=UI$$

若负载是线性电阻，电功率的计算公式为

$$P=UI=I^2R=\frac{U^2}{R}$$

国际单位制中，电功率的单位是 W（瓦特），常用的单位还有 kW（千瓦）、mW（毫瓦）。它们的关系是

$$1\mathrm{kW}=10^3\mathrm{W}$$

$$1\mathrm{W}=10^3\mathrm{mW}$$

3. 1 度电的概念

1 度电（度又称千瓦时）是指功率为 1kW 的用电器正常工作 1h 所消耗的电能，即

$1kW \cdot h=3.6\times10^6J$。

试一试

1. 能计算出你所在的宿舍一天要用多少度电么？

2. 某家庭的电能表3月1日的读数为0430，4月1日的读数为0510，该家庭在这一月共用电多少度？

三、电流的热效应

1. 电流的热效应的含义

电流通过导体时，使导体的温度升高，这种将电能转换为热能的现象，称为电流的热效应。

2. 焦耳定律

电流通过导体时所产生的热量与电流强度的平方、导体的电阻及通电的时间成正比，这叫做焦耳定律。用数学表达式表示为

$$Q=I^2Rt\ (J)$$

3. 电流热效应的应用

电流热效应的应用很广泛，利用它可以制成电炉、电烙铁、电烘箱和电吹风等。但是，在很多情况下，电流的热效应是有害的，如电动机和变压器在运行过程中，因电流通过而发热，一旦过热就会使设备损坏。

四、负载的额定值

电气设备和电路元件正常工作时允许的电流、电压和功率的限额，分别叫做额定电流、额定电压和额定功率。标在灯泡上的“220V、40W”等指的就是额定值。电气设备的额定值通常标在一块小金属牌上，叫做铭牌，因而额定值又称为铭牌数据。

根据用电器上标明的额定电压、额定功率，可按公式 $P=UI$ 计算出额定电流。对纯电阻性的用电器，还可按公式 $P=U^2/R$ 计算出它的电阻。

比一比

说出在日常生活中使用电器的额定值。

【例 1-3】 某220V、60W的灯泡接在220V电源上，求通过灯泡的电流和电阻。如果每晚用3h，问30天消耗多少度电？

解 由 $P=UI$ 可知

$$I=\frac{P}{U}=\frac{60}{220}=0.273\ (A)$$

由 $P=\frac{U^2}{R}$ 可知

$$R=\frac{U^2}{P}=\frac{220^2}{60}=806\ (\Omega)$$

30天消耗的电能为

$$W=UIt=Pt=0.06\times3\times30=5.4\ (度)$$

【例 1-4】 某白炽灯的额定值为“220V、100W”。试求白炽灯的额定电流及电阻值。如果将其接在 110V 电源上通电 5min，其实际功率、电功和产生的热量各为多少？

解 额定电流为 $I=\frac{P}{U}=\frac{100}{220}=0.45\ (A)$

灯丝电阻为 $R=\frac{U^2}{P}=\frac{220^2}{100}=484\ (\Omega)$

当灯泡接在 110V 电源上时，实际消耗的功率为

$P=\frac{U^2}{R}=\frac{110^2}{484}=25\ (W)$

电功为 $W=Pt=25\times5\times60=7500\ (J)$

因此，通电 5min 产生的热量为

$Q=\frac{U^2}{R}t=\frac{110^2}{484}\times5\times60=7500\ (J)$

可见，当电流通过灯泡时，电流所做的功全部转换成热能。

议一议

一只标有“220V、40W”字样的灯泡，接到 250V 的电源两端，消耗的功率为多少？实际生活中，你曾见过这样的情况吗？点亮的白炽灯，突然变得很亮，光线很刺眼，不久这个灯泡就烧掉了。你能解释这是为什么吗？

知识拓展一 电阻率

电阻率是衡量物质导电性能好坏的物理量，其大小决定于导体的材料性质。电阻率大的材料，导电性能差；电阻率小的材料，导电性能好。不同材料的电阻率不同，表 1-1 中列出了一些材料的电阻率。

表 1-1 一些材料的电阻率（20℃时）

材料	电阻率/Ω·m	材料	电阻率/Ω·m
铜	1.7×10^{-8}	钨	5.5×10^{-8}
银	1.6×10^{-8}	锰铜	4.4×10^{-7}
铝	2.8×10^{-8}	康铜	4.8×10^{-7}
铁	1.0×10^{-7}	碳	3.57×10^{-5}

一般把 $\rho<10^{-6}\Omega\cdot m$ 的物质叫做导体，如金属是电的良导体；把 $\rho>10^{5}\Omega\cdot m$ 的物质叫做绝缘体，如橡胶、塑料、油漆、陶瓷等。绝缘体受潮后，其绝缘性能会明显下降。导电性能介于导体与绝缘体之间的叫做半导体，如收音机、电视机中的二极管、三极管、集成电路等都是用半导体制成的。

电阻率不仅与材料有关，还与温度有关。金属材料在温度升高时，电阻率增大；半导体的电阻率在温度升高时却减小。

知识拓展二 电阻在化工生产中的应用

许多物理量的测量，可以通过对电阻的测量来实现。如温度是化学反应中的一个重要指

标，电阻温度计就是利用电阻值随温度变化来测量反应温度的。用于自动控制中的压力传感器对压力的测量也是通过电阻来测量的。

做做练练

一、填空题

1. 电路是由______、______、______、______组成。

2. 电路的工作状态有__________、__________、__________。

3. 电工学中常使用电源电压概念，它与电动势__________相同，__________相反。

4. 习惯上规定__________方向为电流的方向，__________方向为电压方向。

5. 由__________构成的电路称为线性电路。

6. 1度电是指____________________。

7. 电源的电动势等于闭合电路的____________________之和。

8. 电气设备在__________运行时，效率高，使用比较合理。

二、判断题

1. （　　）导线越粗，阻值越大。

2. （　　）习惯上规定正电荷移动的方向就是电压的方向。

3. （　　）电路的工作状态有空载、满载和轻载。

4. （　　）电位与参考点的选择无关。

5. （　　）“220V、100W”灯泡灯丝的电阻比“220V、40W”灯泡灯丝电阻大。

6. （　　）“220V、40W”灯泡接在110V电压上，功率仍为40W。

7. （　　）当电源内阻为零时，电源电动势的大小就等于外电压。

8. （　　）当电路开路时，电源电动势的大小就等于外电压。

9. （　　）在通路状态下，负载大，则电流大；负载小，则电流小。

三、问答题

1. 什么叫短路？短路有什么危害？

2. 电气设备上标注额定值的意义是什么？

四、选择题

1. 导线电阻与它们的（　　）有关。

A. 几何尺寸；B. 材料；C. 电压；D. 温度

2. 消耗电能的元件有（　　）等。

A. 电阻器；B. 电炉；C. 电灯；D. 发电机

五、计算题

1. 计算图1-6(a)中的电压和图1-6(b)中的电流。

2. 电路见图1-7，求：

① 电路中的电流，并标出实际方向；

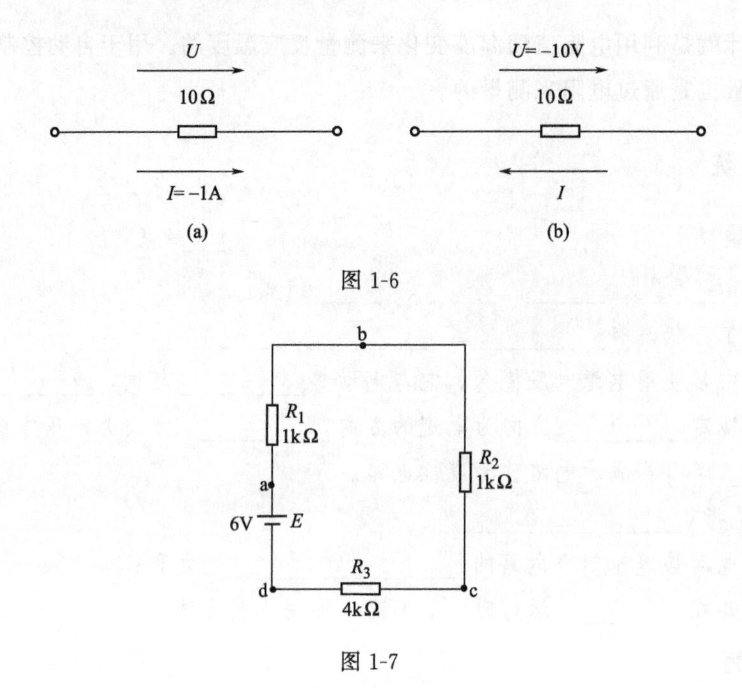

图 1-6

图 1-7

② 取 c 点为参考点，试求 a、b、c、d 各点电位和 U_{ac}、U_{cd}；

③ 若取 a 点为参考点，重新求出以上各量。

3. 某电池未接负载时测其电压值为 1.5V，接上一个 5Ω 的小电珠后测的电流为 250mA，试计算该电池的电动势 E 和内阻 R_0。

4. 已知电路如图 1-8 所示，其中 $U_1=12V$，$U_2=-6V$，$U_3=2V$，$R_1=R_2=20k\Omega$，$R_3=R_4=10k\Omega$。求 A 点的电位。

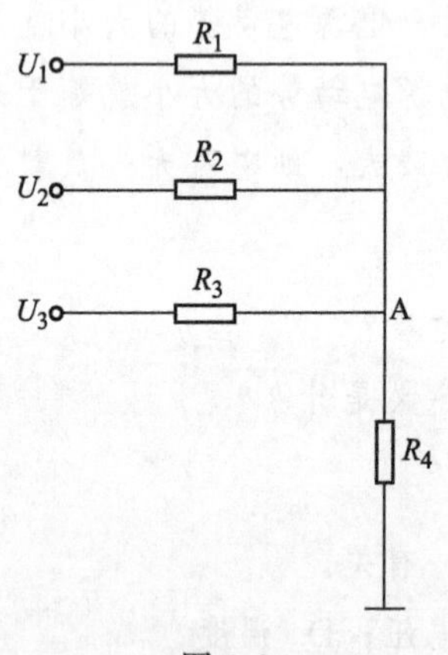

图 1-8

5. "220V、100W" 灯泡接入 110V 的电路中，实际消耗的功率为多少？

6. 一台直流电动机，电阻为 2Ω，工作电压为 220V，通过的电流为 4A。求：

① 电动机从电源吸收的功率；

② 电动机的发热功率；

③ 电动机把电能转换成机械能的功率。

7. 某车间用 30 只“220V、40W”的白炽灯照明。若每天按 8h 计算，则一年（按 300 天计算）用了多少度电？

8. 某电烘箱的电阻丝通过 5A 电流时，每分钟可放出 1.2×10^6J 的热量，求这台电烘箱的电功率及电阻丝工作时的电阻值。

项目二 电阻的串联与并联

许多装饰用的小彩灯的灯泡都是依次连接在电路里；而家庭中使用的电灯、电风扇、电视机、电冰箱、洗衣机、空调器等都以并列的形式连接在电路中。它们为什么采用不同的连接方式呢？这两种连接方式有什么特点呢？通过以下知识的学习，你就可以找到答案了。

相关知识点：电阻的串联与并联　电流表　电压表

知识一 电流表、电压表的认识与使用

一、读表练习

按图 1-9 中电压表、电流表指针所指位置及表的量程位置，填写表 1-2。

表 1-2　读表练习

项　　目	示　数　值
图 1-9(a)表	
图 1-9(b)表	

二、直流电流表使用训练

1. 串联电路连接

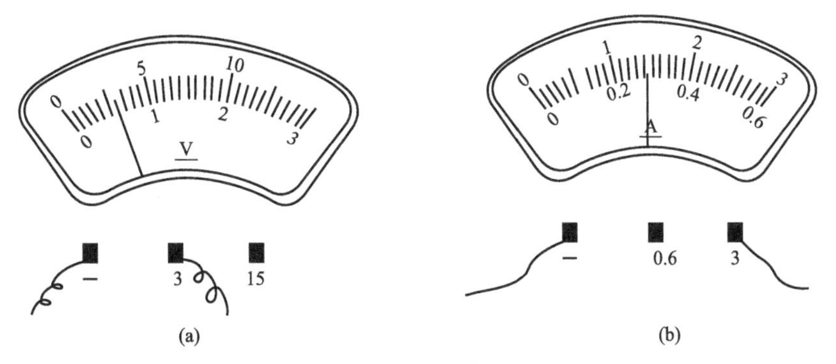

图 1-9　读表练习

① 按图 1-10 分别把电流表串接在 a、b、c 位置。

② 测取电流值并填入表 1-3 中。

表 1-3　串联电路电流测试

表的位置	电流值	结论
a 点		
b 点		
c 点		

③ 尝试作出结论。

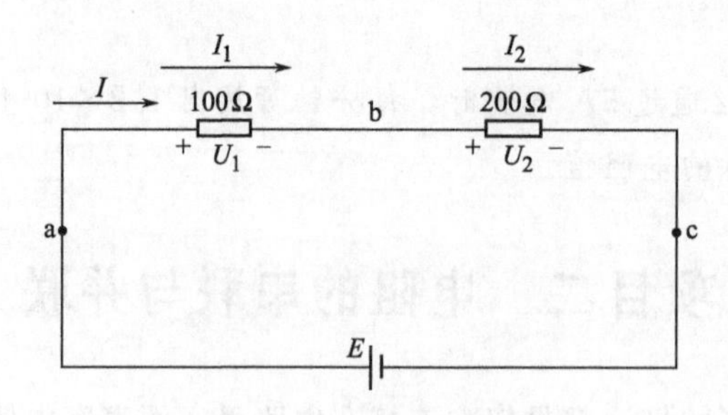

图 1-10 电阻串联电路

2. 并联电路连接

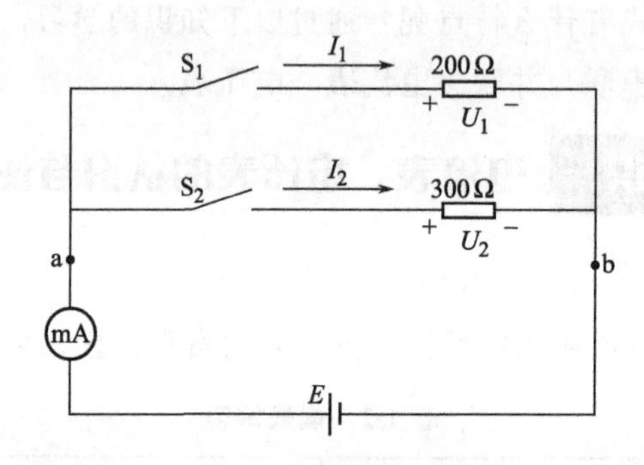

图 1-11 电阻并联电路

① 按图 1-11 正确连接线路。

② 分别测取 S_1 合上、S_2 打开，S_1 打开、S_2 合上，S_1 合上、S_2 合上时电流值并填入表 1-4 中。

表 1-4 并联电路电流测试

开关状态	电流值	结论
S_1 合上、S_2 打开		
S_1 打开、S_2 合上		
S_1 合上、S_2 合上		

③ 尝试作出结论。

三、直流电压表使用训练

1. 串联电路连接

① 按图 1-10 分别把电压表连接在 ab、bc、ac 之间。

② 测取电压值并填入表 1-5 中。

表 1-5 串联电路电压测试

表的位置	电压值	结论
ab 之间		
bc 之间		
ac 之间		

③ 尝试作出结论。

2. 并联电路连接

① 按图 1-11 把电压表连接在 ab 之间。

② 分别测取 S_1 合上、S_2 打开，S_1 打开、S_2 合上，S_1 合上、S_2 合上时电压值并填入表 1-6 中。

表 1-6　并联电路电压测试

开关状态	电压值	结论
S_1 合上、S_2 打开		
S_1 打开、S_2 合上		
S_1 合上、S_2 合上		

③ 尝试作出结论。

想一想

电路如图 1-12 所示，已知 $E=10V$，$r=0.1\Omega$，$R=9.9\Omega$，开关 S 分别在位置 1、2、3 时，电流表和电压表的读数各为多少？

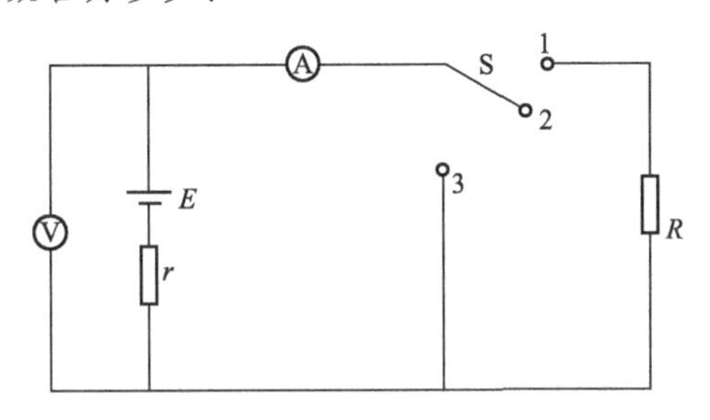

图 1-12　不同工作状态的电路

议一议

若要扩大电压表、电流表的量程，可通过接入电阻来实现，那么电阻怎样接入电路中？

知识二　电阻的串联与并联

一、电阻的串联电路

1. 电阻串联的含义

把两个或两个以上的电阻依次相连，使电流只有一条通路的连接方式，叫做电阻的串联。如图 1-13 所示。

2. 电阻串联电路的特点

① 通过各电阻的电流相等，即

$$I=I_1=I_2=I_3$$

② 串联电路两端的总电压等于各电阻两端电压之和，即

$$U=U_1+U_2+U_3$$

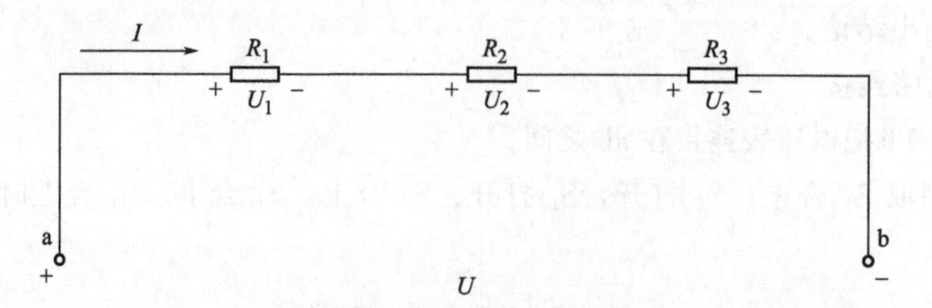

图 1-13　多个电阻串联电路

③ 串联电路的总电阻等于各串联电阻之和，即

$$R=R_1+R_2+R_3$$

④ 串联电路中，各电阻上分配的电压与各电阻值成正比，即

$$U_n=\frac{R_n}{R}U$$

⑤ 串联电路中，各电阻消耗的功率与电阻值成正比，即

$$P_1:P_2:P_3=R_1:R_2:R_3$$

想一想

在 6 个灯泡串联的电路中，除 2 号灯不亮外，其他 5 个灯泡都亮。当把 2 号灯从灯座上取下后，其余的灯仍亮。问该电路有何故障?

二、电阻的并联电路

1. 电阻并联的含义

两个或两个以上电阻，接在电路中相同的两点之间的连接方式，叫做电阻的并联。如图 1-14 所示。

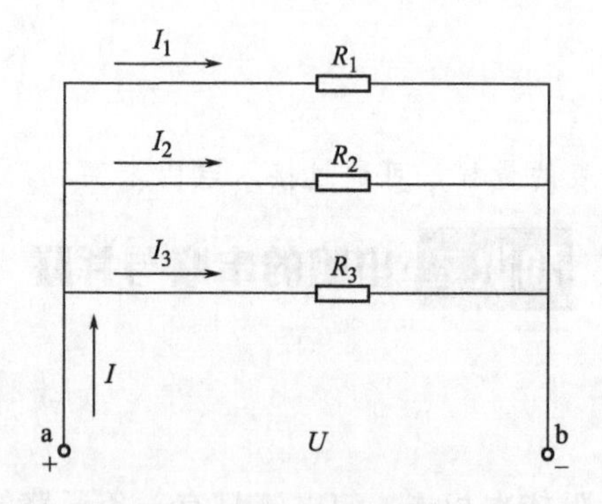

图 1-14　多个电阻并联电路

2. 电阻并联电路的特点

① 并联电路中各电阻两端的电压相等，且等于电路两端的电压，即

$$U=U_1=U_2=U_3$$

② 并联电路中的总电流等于各电阻中的电流之和，即

$$I=I_1+I_2+I_3$$

③ 并联电路中的总电阻的倒数等于各并联电阻的倒数之和，即

$$\frac{1}{R}=\frac{1}{R_1}+\frac{1}{R_2}+\frac{1}{R_3}$$

④ 并联电路中，各支路分配到的电流与支路的电阻成反比，即

$$I_n=\frac{R}{R_n}I$$

⑤ 并联电路中，各电阻消耗的功率与电阻值成反比，即

$$P_1:P_2:P_3=\frac{1}{R_1}:\frac{1}{R_2}:\frac{1}{R_3}$$

由于并联电路电压相等，各负载的工作情况互不影响，因此绝大多数的工业负载、民用负载都采用并联电路。

想一想

1. 如果电路中一个5Ω的电阻坏了，但是手边没有5Ω的电阻，只有几只10Ω的电阻，你有办法让电路继续工作么？

2. 在6个灯泡并联的电路中，除3号灯不亮外，其他5个灯泡都亮。当把3号灯从灯座上取下后，其余的灯仍亮。问该电路有何故障？

3. 图1-15所示三个电路中，电阻R_{ab}如何进行计算？

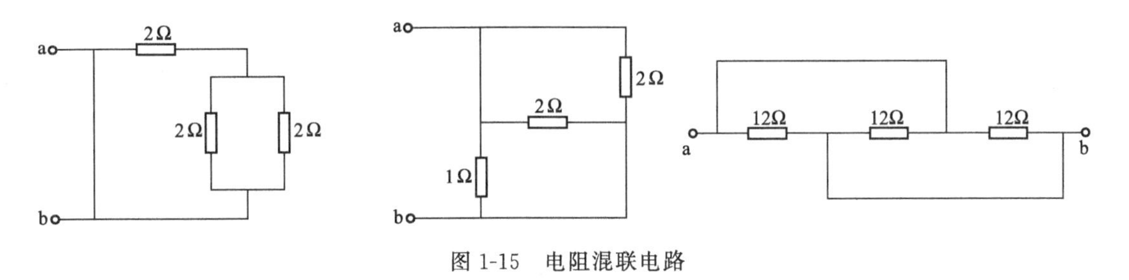

图1-15　电阻混联电路

看一看

教室里有几盏日光灯，能说出它们是怎样连接的么？

【例1-5】　在图1-16所示电路中，$R_1=6\Omega$，$R_2=4\Omega$，$R_3=12\Omega$，电路的端电压为18V。求各电阻消耗的功率。

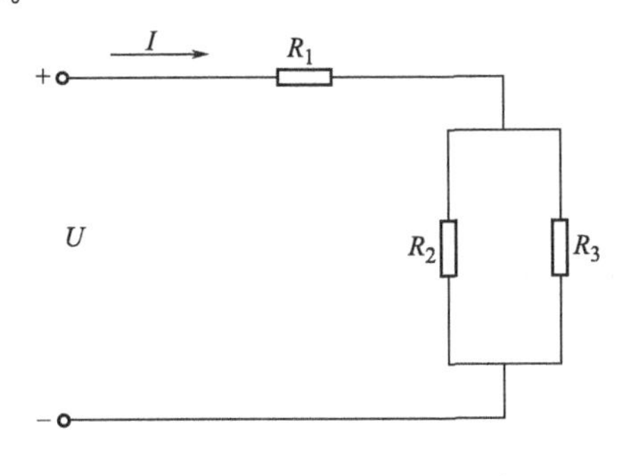

图1-16　电阻串、并联电路

解 R_2 和 R_3 是并联关系，它们的总电阻值为

$$R'=\frac{R_2R_3}{R_2+R_3}=\frac{4\times12}{4+12}=3\ (\Omega)$$

R' 与 R_1 是串联的，电路的总电阻是

$$R=R'+R_1=3+6=9\ (\Omega)$$

电路消耗的总功率为 $P=\frac{U^2}{R}=\frac{18^2}{9}=36\ (\text{W})$

根据串联电路功率分配的特点 $P_1:P'=R_1:R'=6:3=2:1$，而 $P=P_1+P'$，则

$$P'=P-P_1=36-P_1$$

所以 $P_1:(36-P_1)=2:1$，可得

$$P_1=24\text{W},P'=12\text{W}$$

P' 是 R_2 和 R_3 消耗的功率，再根据并联电路功率分配的特点 $R_2:R_3=P_3:P_2=4:12=1:3$，由此可求得

$$P_2=9\text{W},P_3=3\text{W}$$

知识拓展一 电阻串联的应用

电阻串联的应用非常广泛，在实际工作中常见的有四种。

① 用几个电阻串联获得阻值较大的电阻。

② 串联电阻用于限流。例如直流电动机在通电启动时，启动电流特别大，会损坏电动机，为限制启动电流，在电动机电路中串联一个可调的启动电阻 R（图 1-17），以增大电路中的电阻，减少启动电流。待电动机启动后，再将启动电阻 R 调至零，电动机正常转动。

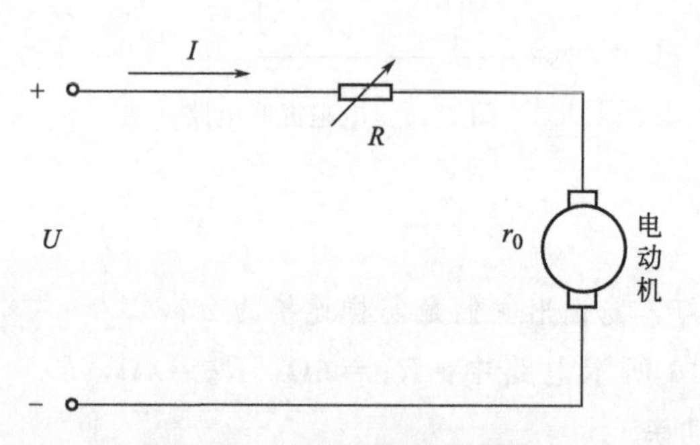

图 1-17 电动机串电阻电路

③ 串联电阻用于分压。在很多电子仪器中，由于输入电压太高，常常采用电阻“分压器”，使同一电源能够提供几种不同的电压，如图 1-18 所示。由 R_1、R_2 和 R_3 构成的分压器，可使电源输出三种不同的电压。

【例 1-6】 如图 1-18 所示的分压器中，已知 $U=300\text{V}$，$R_1=150\text{k}\Omega$，$R_2=100\text{k}\Omega$，$R_3=50\text{k}\Omega$。求输出电压 U_1、U_2、U_3 各为多少？

解

$$U_1=\frac{R_1}{R_1+R_2+R_3}U=\frac{150}{150+100+50}\times300=150\ (\text{V})$$

$$U_2=\frac{R_2}{R_1+R_2+R_3}U=\frac{100}{150+100+50}\times 300=100\ (\text{V})$$

$$U_3=\frac{R_3}{R_1+R_2+R_3}U=\frac{50}{150+100+50}\times 300=50\ (\text{V})$$

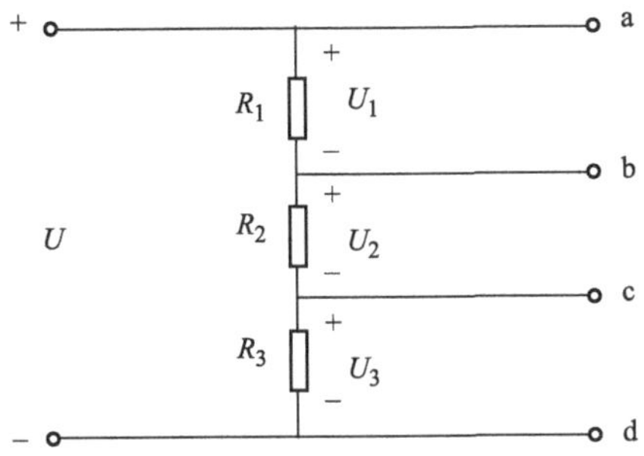

图 1-18 分压电路

④ 串联电阻用于电压表扩大量程。

【例 1-7】 有一表头如图 1-19 所示，它的满刻度电流 I_g 为 $50\mu\text{A}$（即允许通过的最大的电流），内阻 R_g 为 $3\text{k}\Omega$，若要测量 U 为 10V 的电压，应串联多大的电阻？

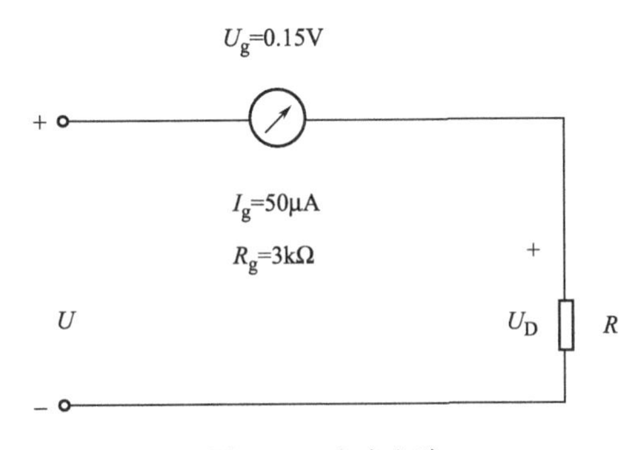

图 1-19 表头电路

解 因为表头是一只微安表，根据数据，它所能承受的电压为

$$U_g=I_gR_g=50\times 10^{-6}\times 3\times 10^{3}=0.15\ (\text{V})$$

显然，要用表头测量大于 0.15V 的电压，就会把表头烧坏，需要串联分压电阻以扩大量程。设量程扩大到 10V，需串入的电阻为 R，则

$$R=\frac{U-U_g}{I_g}=\frac{10-0.15}{50\times 10^{-6}}=197\ (\text{k}\Omega)$$

即在表头电路中串入 $R=197\text{k}\Omega$ 的电阻，才能测量 10V 的电压。

知识拓展二 电阻并联的应用

电阻并联的应用极其广泛，常见的主要有以下两点。

① 由于并联电路电压相等，各个负载的工作情况互不影响，因此，绝大多数的工业负载、民用负载都采用并联电路。

② 利用并联的分流作用，来扩大电流表的量程。

【例 1-8】 有一表头，其满刻度电流 I_g 为 50μA，内阻 R_g 为 2kΩ，若要改装成量程为 550μA 的电流表，应并联一个多大的分流电阻？

解 表头的满刻度电流只有 50μA，用它直接测量 550μA 的电流是不行的，必须并联一个电阻来分流，如图 1-20 所示。分流电阻 R 需要分流的数值为

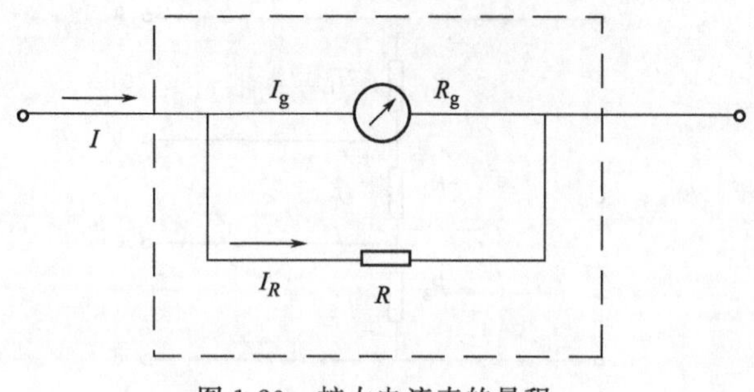

图 1-20 扩大电流表的量程

$$I_R = I - I_g = 550 - 50 = 500\ (\mu\text{A})$$

而 R 两端的电压与表头两端的电压相等，即

$$U_R = I_g R_g = 50 \times 10^{-6} \times 2 \times 10^3 = 0.1\ (\text{V})$$

则

$$R = \frac{U_R}{I_R} = \frac{0.1}{500 \times 10^{-6}} = 200\ (\Omega)$$

做做练练

一、填空题

1. 两电阻并联，其分流关系为________________。

2. 两电阻串联，其分压关系为________________。

二、判断题

1. （ ）在并联电路中，电阻越大，分流就越大。

2. （ ）并联电路中电阻并得越多值越大。

三、计算题

1. M-500 型万用表表头的最大量程 $I_g = 40\mu\text{A}$，表头内阻 $R_g = 2\text{k}\Omega$，若改装为最大量程为 10mA，应并联多大的分流电阻 R？

2. 10 个相同电阻并联的总电阻值是 1.5Ω，则每个电阻值是多少？

3. 用 12 个 18V/2A 的小彩灯相串联，接在 220V 的电源上，使流过的电流 $I = 2\text{A}$，其电阻值是多少？

4. 有三只电阻串联后接到电源两端，$R_1 = 2R_2$，$R_2 = 2R_3$，R_2 两端的电压为 10V，求电源两端的电压是多少？

5. 要把一额定电压为 24V，电阻为 240Ω 的指示灯接到 36V 电源中使用，应串联多大的电阻？

6. 将“220V、100W”和“220V、40W”两只灯泡串联接在 220V 线路上，两只灯泡承

受的电压各为多少？

7. 在图1-21中，$R_1=10\Omega$，$R_2=20\Omega$，$R_3=5\Omega$。求U_1/U_2、I_2/I_3各等于多少？

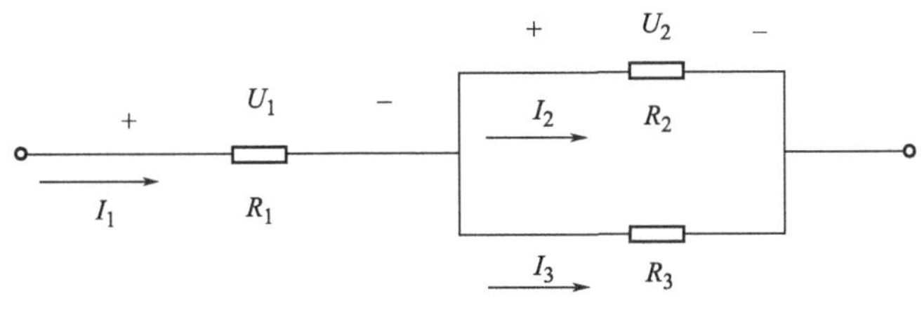

图 1-21

项目三　基尔霍夫定律

图1-22、图1-23两个电路图，要求确定电阻R_3上的电流方向。对于图1-22来说，因为只有一个电源，R_3上的电流方向很明确，是由a→b。但对于图1-23，因为有两个电源，这两个电源输出的电流经过R_3的方向是不同的，那么R_3上的电流方向如何确定呢？学完下面的知识，你就能判断出来了。

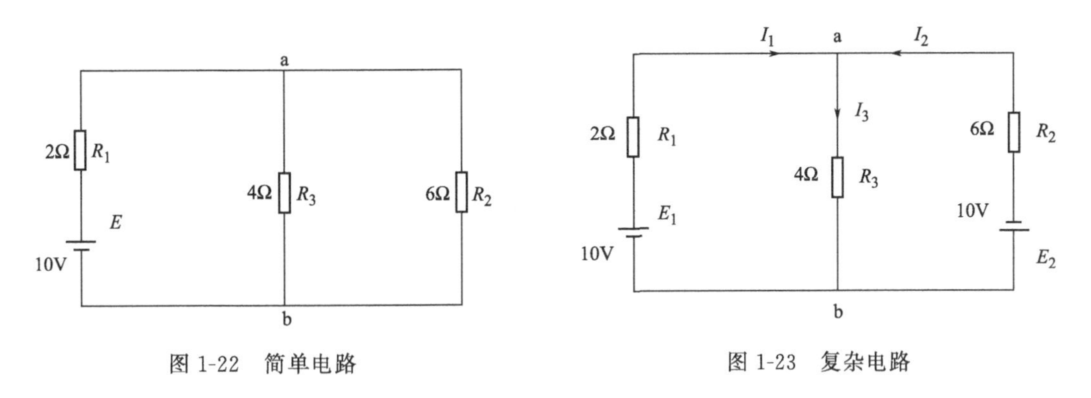

图 1-22　简单电路　　　　图 1-23　复杂电路

相关知识点：电流、电压的参考方向　基尔霍夫定律

知识一　电流、电压的参考方向

一、参考方向的概念

在电路的分析中，流过某一段电路或某一元件的电流的实际方向或两端电压的实际方向往往不知道，这时可以任意假定一个电流方向或电压方向，这个假定的电流、电压方向称为电流、电压的参考方向。

二、电流、电压的参考方向

图1-24中电流实际方向用虚线表示，参考方向用实线表示。当电流的实际方向与参考方向一致时，电流就取正值，否则取负值。

图1-25中电压实际方向用虚线表示，参考方向用实线表示。当电压的实际方向与参考方向一致时，电压就取正值，否则取负值。

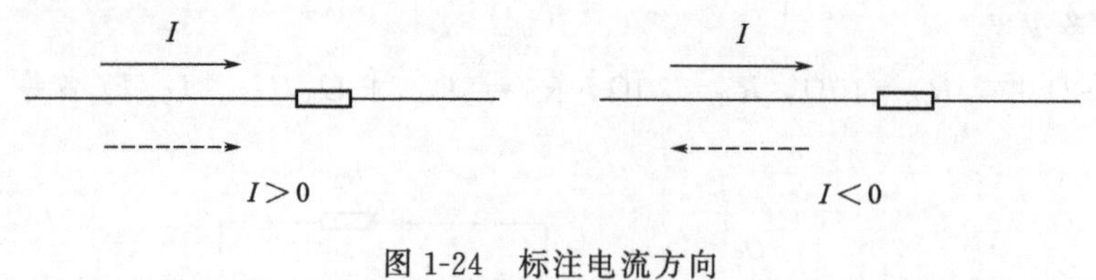

图 1-24　标注电流方向

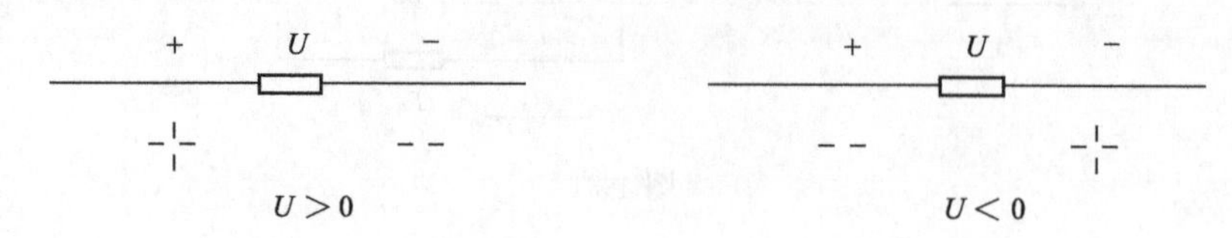

图 1-25　标注电压方向

想一想

在一段电路中，若电流与电压的参考方向不一致，欧姆定律的表达式怎样写？

知识二　基尔霍夫定律

一、做一做

① 按图 1-26 连接电路。

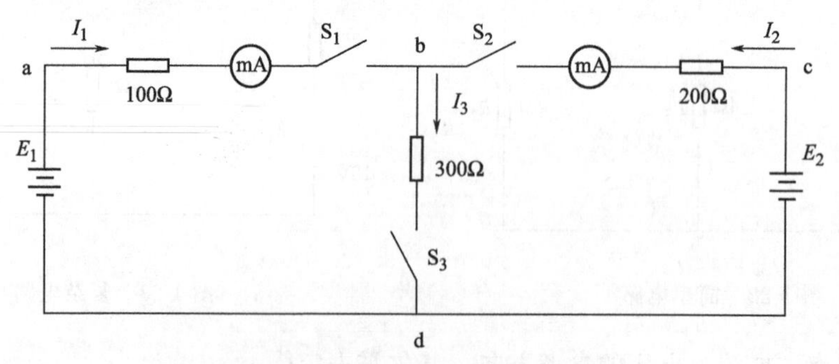

图 1-26　基尔霍夫定律实训电路

② 检查电路无误后接通电源，用直流电流表、直流电压表分别测量各支路电流 I_1、I_2、I_3 和各电阻上的电压 U_{ab}、U_{bc}、U_{bd}。

③ 将测量结果填入表 1-7 中。

表 1-7　基尔霍夫定律实训数据表

电源电压/V		I_1/A	I_2/A	I_3/A	U_{ab}/V	U_{bc}/V	U_{bd}/V
E_1	E_2						
9	12						
12	12						
12	10						
结论		$I_1+I_2-I_3=$ $U_{ab}+U_{bd}-E_1=$ $U_{bc}+E_2-U_{bd}=$					

二、支路、节点、回路、网孔的概念

1. 支路

电路中的每一个分支称为支路。如图 1-23，有 3 条支路：支路 a→R_1→E_1→b；支路 a→R_3→b；支路a→R_2→E_2→b。

2. 节点

三条或三条以上支路的连接点称为节点。如图 1-23 中有两个节点 a、b。

3. 回路

电路中任一闭合路径称为回路。如图 1-23 中有 3 个回路：回路 a→R_3→b→E_1→R_1→a；回路 a→R_2→E_2→b→R_3→a；回路 a→R_2→E_2→b→E_1→R_1→a。

4. 网孔

内部不含支路的回路称为网孔。如图 1-23 中有 2 个网孔。网孔 a→R_3→b→E_1→R_1→a；网孔 a→R_2→E_2→b→R_3→a。

三、基尔霍夫定律

1. 基尔霍夫第一定律

基尔霍夫第一定律是关于电路中各支路电流之间关系的定律，所以也称为电流定律，简称“KCL 方程”。

第一定律内容为：在任意瞬间，流入任一节点的电流总和等于从这个节点流出的电流总和。数学表达式为

$$\sum I_{入}=\sum I_{出}$$

当回路有 n 个节点时，则 $n-1$ 个节点电流方程是独立的。

图 1-23 中有两个节点，只需对其中一个节点列方程，如对于节点 a 有

$$I_1+I_2=I_3$$

如图 1-27 中的各个电流，可以看成是化工管路中物体的流量（图 1-28），这样就不难得出

$$I_1+I_2=I_3+I_4+I_5$$

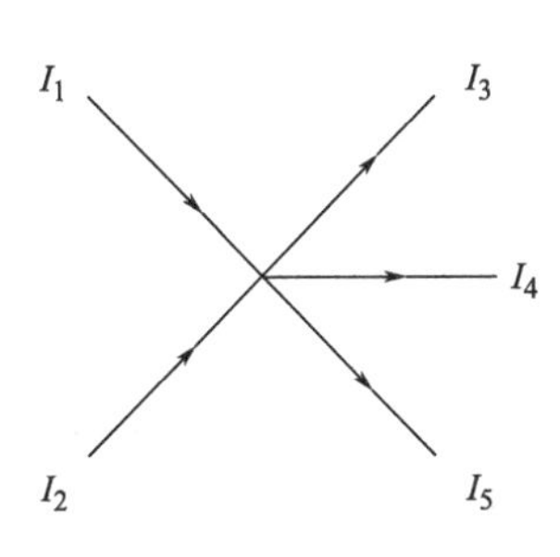

图 1-27 节点电流

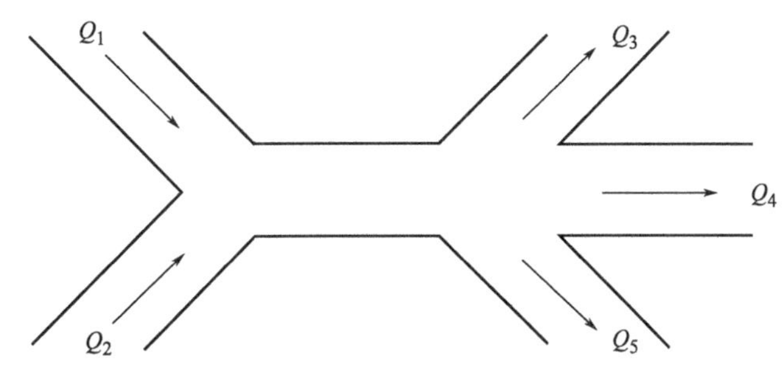

图 1-28 节点电流的理解

2. 基尔霍夫第二定律

基尔霍夫第二定律是关于电路中任一回路中各元件电压之间关系的定律，所以也称为电压定律，简称“KVL 方程”。

第二定律的内容为：在任意瞬间，沿电路中任一回路，各段电压的代数和恒为零。数学表达式为

$$\sum U=0$$

如图1-29，假设回路的绕行方向为顺时针方向，有

$$u_{R1}+u_{R3}+u_{R2}-E_1+E_2=0$$

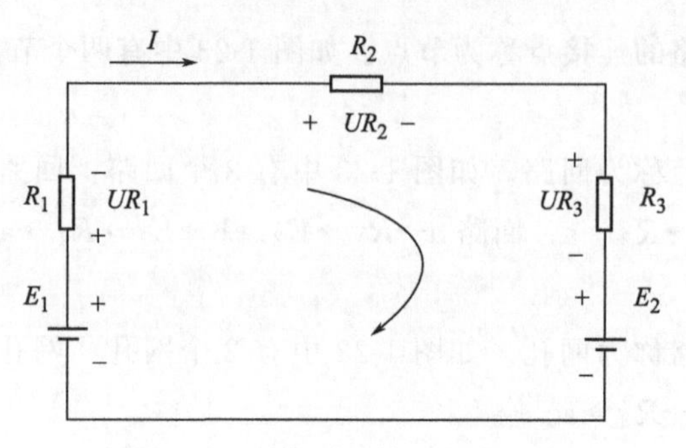

图1-29 基尔霍夫第二定律应用

基尔霍夫第二定律不仅可以用于闭合电路，而且还可以用于不闭合的电路，这便是第二定律的推广定律，其内容为：电路中某两点a、b之间的电压等于从a点到b点所经路径上全部电压的代数和。如图1-30，a、b两点之间的电压可以写出下列关系：

$$U_{ab}=I_1R_1+E_3-I_2R_2$$

或

$$U_{ab}=I_3R_3+E_1+E_3-E_2-I_4R_4$$

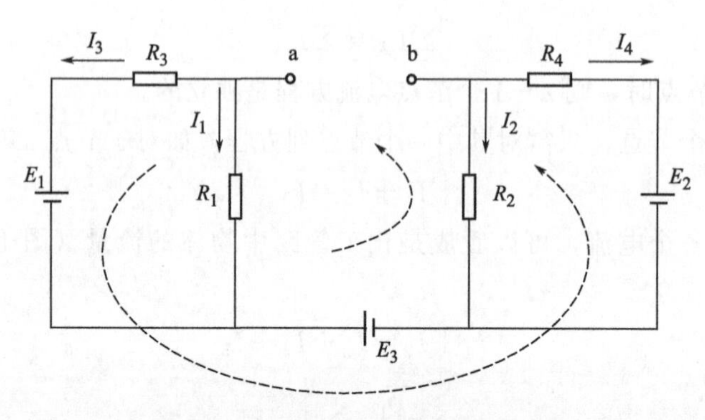

图1-30 基尔霍夫第二定律应用扩展

3. 运用KVL定律列写回路电压方程时的步骤

第1步：找出电路中的所有网孔。

第2步：选定好各网孔的绕行方向。

第3步：对每个网孔列写回路电压方程。对于电阻，若流过电阻的电流方向与选定的网孔绕行方向一致，则该电阻上的电压取正值，否则取负值；对于电源，如电压方向与选定的绕行方向一致，则该电压取正值，否则取负值。

如图1-31中，假定网孔的绕行方向为顺时针方向，则

对于网孔①：$I_3R_3-E_1+I_1R_1=0$

对于网孔②：$-I_2R_2+E_2-I_3R_3=0$

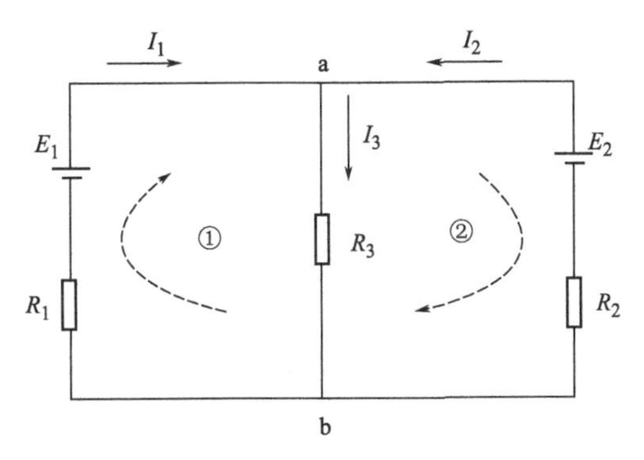

图 1-31　基尔霍夫第二定律应用举例

【例 1-9】 在图 1-31 中，若，$E_1=18V$，$E_2=9V$，$R_1=R_2=1\Omega$，$R_3=4\Omega$，利用 KCL、KVL 定律求各支路电流的大小。

解

① 在电路图上标注各支路电流 I_1、I_2、I_3 的参考方向。

② 根据 KCL 定律，对节点 a 列写节点电流方程。

$$I_1+I_2=I_3 \tag{①}$$

③ 根据 KVL 定律，对网孔①、②分别列写回路电压方程。

$$I_1R_1+I_3R_3-E_1=0 \tag{②}$$

$$I_2R_2+I_3R_3-E_2=0 \tag{③}$$

④ 由方程①②③联立并代入数据解得

$$\begin{cases} I_1=6A，\text{实际方向与假设方向相同} \\ I_2=-3A，\text{实际方向与假设方向相反} \\ I_3=3A，\text{实际方向与假设方向相同} \end{cases}$$

知识拓展一　电流源与电压源的等效互换

电源有电压源和电流源两种，同一个电源既可以用电流源表示，也可以用电压源表示，因为二者之间是可以等效互换的，等效互换可表示为图 1-32。

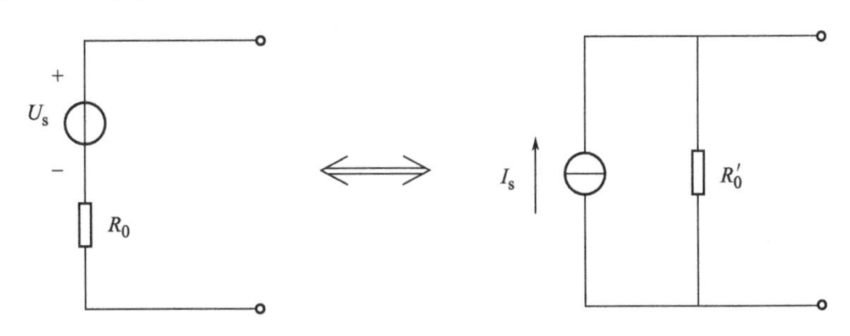

图 1-32　电流源与电压源的等效互换

表达式为

$$I_s=\frac{U_s}{R_0} \qquad R_0'=R_0$$

知识拓展二 戴维南定理

1. 二端网络

所谓二端网络是指具有两个引出端的电路。其中含有电源的二端网络称为有源二端网络，不含电源的二端网络称为无源二端网络。

2. 戴维南定理的作用

戴维南定理也称为二端网络定理或等效电源定理，主要用于有源二端网络的化简问题。

3. 戴维南定理的内容

对外电路而言，任何线性有源二端网络，都可以用一个等效的理想电压源和一个等效的内阻串联组合来代替，如图 1-33 所示。其中，理想电压源的电压等于线性有源二端网络的开路电压，用 U_{oc}表示，见图 1-34，内阻等于线性有源二端网络除源后的等效电阻，用 R_0 表示，见图 1-35。

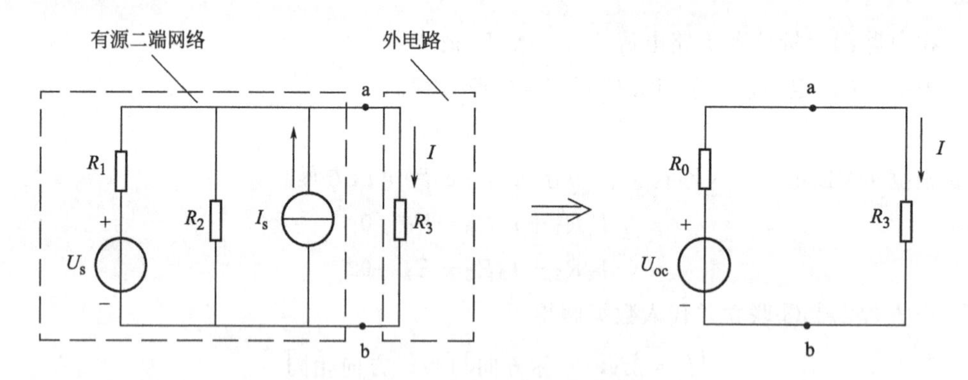

图 1-33 戴维南定理等效电路

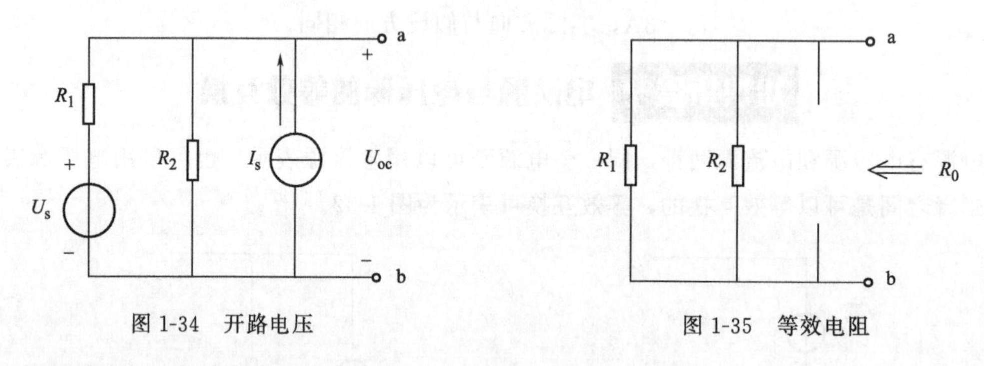

图 1-34 开路电压

图 1-35 等效电阻

除源方法：对电流源进行“短路”；对电压源进行“开路”。

【例 1-10】 用戴维南定理求图 1-36 中电阻 R_2 上的电流 I_2 的大小。

解 解题步骤如下。

第一步，将电路分解成两部分：电阻 R_2 为外电路，其余为有源二端网络（图 1-37）。

第二步，将有源二端网络等效成一个理想电压源和一个内阻串联。

① 先求理想电压源的电压 U_{oc}（即求有源二端网络的开路电压）。由图 1-37 求得

$$U_{oc}=5\times6+10=40\ (\text{V})$$

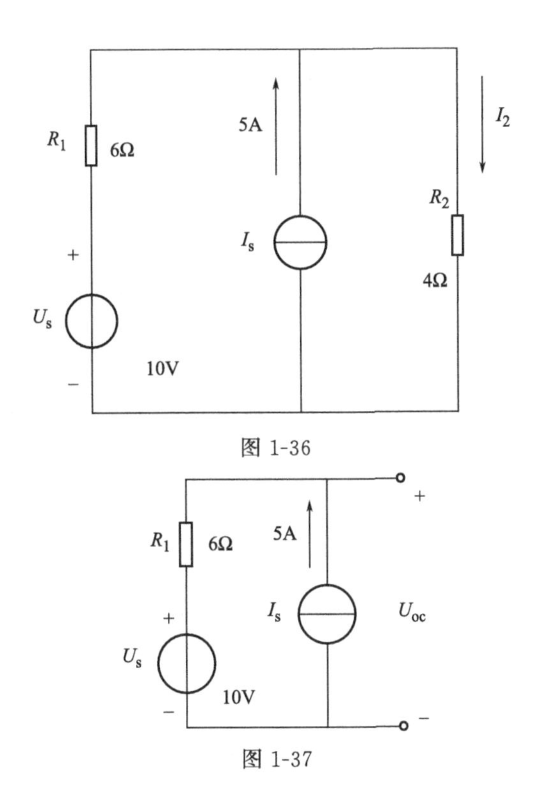

图 1-36

图 1-37

② 再求二端网络除源后的等效电阻 R_0。图 1-38 为有源二端网络除源后的电路，即

$$R_0=6\Omega$$

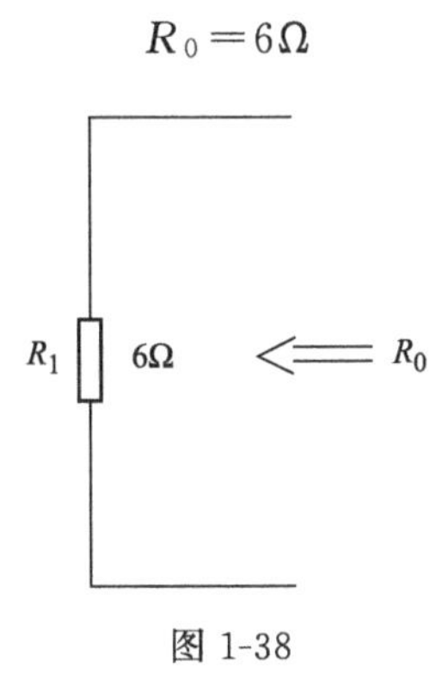

图 1-38

第三步，求电阻 R_2 上的电流 I_2 的大小。

将图 1-36 电路等效成图 1-39 电路。由图 1-39 可求得

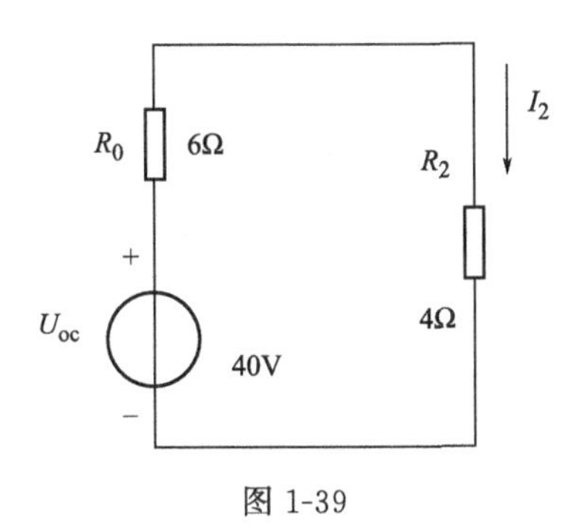

图 1-39

$$I_2=\frac{U_{oc}}{R_0+R_2}=\frac{40}{6+4}=4\ (A)$$

做做练练

一、填空题

1. 当电流的实际方向与参考方向一致时，电流就取__________值。当电压的实际方向与参考方向不一致时，电压__________值。

2. 无分支的电路称为____________。三条或三条以上支路的连接点称为________。

3. 若选择参考方向与____________相反，则该电流（或电压）为______。

二、选择题

1. 基尔霍夫第二定律为（　　）。

A. $\sum V_a=\sum V_d$；B. $\sum U=0$；C. $\sum E=\sum IR$；D. $\sum U=\sum IR$

2. 一般来说，对于具有 n 个节点，b 条支路的电路，可引出（　　）个独立的节点方程。

A. n；B. $b-n$；C. $n-1$；D. $b-(n-1)$

3. 一般来说，对 n 个节点，b 条支路，可列出（　　）个独立节点电流方程。

A. n；B. $n-1$；C. $b-n$；D. $b-(n-1)$

三、判断题

1.（　　）若电阻上电流、电压参考方向不一致，则欧姆定律表达式出现负号。

2.（　　）三条或三条以上支路的交点称为公共点。

四、计算题

1. 试计算图 1-40(a) 中的电压和图 1-40(b) 中的电流。

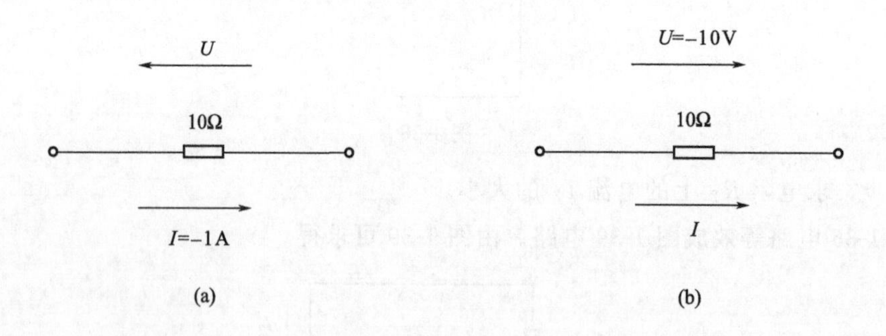

图 1-40

2. 电路如图 1-41 所示，已知 $E_1=3V$，$E_2=2V$，$E_3=1V$，$R_1=10\Omega$，$R_2=40\Omega$，求各支路电流。

3. 如图 1-42 所示电路中，已知 $E_c=12V$，$E_b=3V$，$R_c=1.5k\Omega$，$R_b=7.5k\Omega$，$I_c=5.1mA$，$I_b=0.2mA$。

试求电阻 R_{bc} 和 R_{be} 的大小。

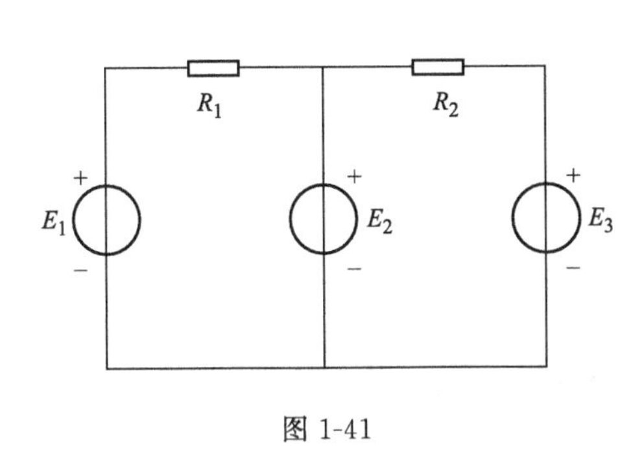

图 1-41

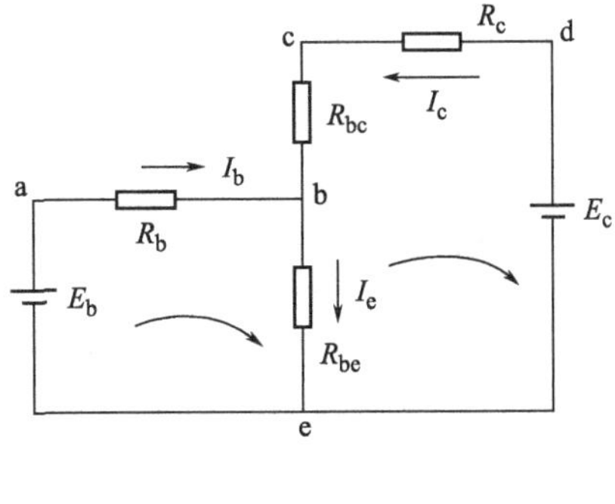

图 1-42

重要提示

1. 电路由电源、负载（灯泡）、连接导线和控制装置（开关）组成。

2. 规定正电荷定向移动的方向为电流的方向。电压的方向由电源的正极指向负极。导体的电阻跟导体的长度成正比，跟导体的横截面积成反比。电阻定律为 $R=\rho\dfrac{l}{S}$。

3. 部分电路欧姆定律为 $I=\dfrac{U}{R}$。

4. 全电路欧姆定律为 $I=\dfrac{E}{R+r}$。

5. 电路的工作状态有三种：通路、短路、断路。

6. 电功率 $P=UI=I^2R=U^2/R$。

7. 1度电（度又称千瓦时）是指功率为1kW的用电器正常工作1h所消耗的电能。

8. 电气设备和电路元件正常工作时允许的电流、电压和功率的限额，分别叫做额定电流、额定电压和额定功率。额定值又称为铭牌数据。

9. 电阻串联电路的特点：通过各电阻的电流相等；电路两端的总电压等于各电阻两端电压之和；电路的总电阻等于各串联电阻之和；各电阻上分配的电压与各电阻值成正比；各电阻消耗的功率与电阻值成正比。

10. 电阻并联电路的特点：并联电路中各电阻两端的电压相等；电路中的总电流等于各电阻中的电流之和；电路中的总电阻的倒数等于各并联电阻的倒数之和；各支路分配到的电流与支路的电阻成反比；各电阻消耗的功率与电阻值成反比。

11. 串联电阻可用于电压表扩大量程，并联电阻可用于电流表扩大量程。

12. 基尔霍夫第一定律为 $\sum I_{入}=\sum I_{出}$。

13. 基尔霍夫第二定律为 $\sum U=0$。

交流电路的基本知识

项目一　单相交流电路

生活中所使用的电器，如电风扇、冰箱、电视机等，它们所使用的电都是交流电。什么是交流电？怎样描述它？日光灯和白炽灯都是用来照明的，但它们发出的光颜色不同，白炽灯是依靠钨丝通电发热直接发光的，那么日光灯是怎样工作的？日光灯和白炽灯都是用电负载，这两种负载性质有什么不同？现在就一起去找答案吧！

相关知识点：正弦交流电的基本概念　交流电路中的简单负载　常用照明电路

知识一　正弦交流电的基本知识

一、什么是交流电

与手机电池、汽车蓄电池等直流电源不同，发电厂（或供电电网）向用户提供的是交流电。交流电与直流电最根本的区别在于：直流电的方向固定不变，直流电源有固定的正、负极性；而交流电的方向是变化的，没有固定的正、负极性。

交流电可以由交流发电机提供，也可由振荡器产生。交流发电机主要是提供交流电源，振荡器主要是产生各种交流信号源。

二、正弦交流电的概念

正弦交流电是指大小和方向都随时间按正弦规律变化的电流、电压、电动势的总称。如正弦交流电压可表示为 $u=U_m \sin(\omega t+\varphi)$，其波形见图 2-1。

三、描述正弦交流电的基本物理量

1. 瞬时值

由于正弦交流电是随时间按正弦规律不断变化的，所以每一时刻的值都是不同的。把任意瞬间的数值称为正弦交流电的瞬时值，分别用字母 e、u、i 表示。

2. 最大值

瞬时值中的最大值，称为正弦交流电的最大值（或峰值、振幅），用字母 E_m、U_m、I_m 表示。

3. 有效值

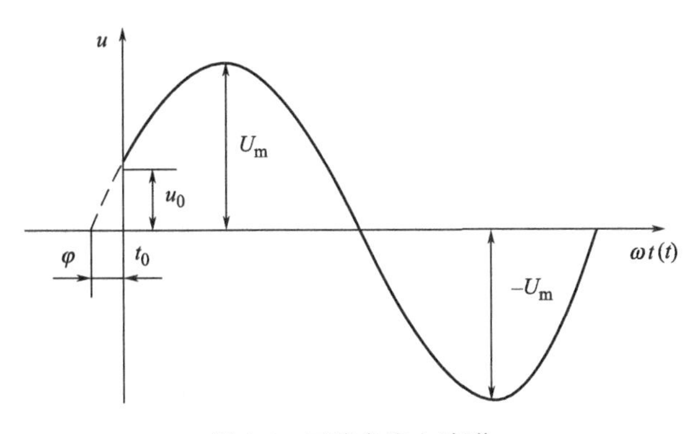

图 2-1 正弦交流电波形

让交流电和直流电分别通过阻值完全相等的电阻，如果在相同时间内，这两种电流产生的热量相等，则说明这个交流电和这个直流电在发热效应上是相同的，就把这个直流电的数值叫做交流电的有效值，用字母 E、U、I 表示。

正弦交流电的有效值和最大值的大小关系是

$$E=\frac{1}{\sqrt{2}}E_{\mathrm{m}} \qquad U=\frac{1}{\sqrt{2}}U_{\mathrm{m}} \qquad I=\frac{1}{\sqrt{2}}I_{\mathrm{m}}$$

注意：测量中所用的电流表、电压表指示的数值及用电器的额定电压、额定电流，都是指有效值。

4. 周期

交流电重复变化一次所需时间，称为正弦交流电的周期，用字母 T 表示，单位是 s。

5. 频率

交流电在 1s 内重复变化的次数，称为正弦交流电的频率，用字母 f 表示，单位是 Hz。

我国生产的正弦交流电的频率为 50Hz，称为工业标准频率，简称工频。周期与频率的关系是

$$T=\frac{1}{f}$$

6. 角频率

把正弦交流电在 1s 内变化的电角度，称为正弦交流电的角频率，用字母 ω 表示，单位是 rad/s。

周期、频率、角频率三者间的关系是

$$\omega=2\pi f=\frac{2\pi}{T}$$

目前，我国发电厂发出的交流电和工农业生产及日常生活所用的交流电频率为 50Hz，一般称这个标准频率为工频。

7. 相位、初相位与相位差

在正弦交流电压的表达式 $u=U_{\mathrm{m}}\sin(\omega t+\varphi)$ 中，$\omega t+\varphi$ 叫做正弦交流电压的相位。相位反映了正弦量在某一时刻所处的状态，它不仅决定着该时刻的瞬时值的大小和方向，而且也决定着该时刻正弦量的变化趋势。φ 叫做初相位，它决定着正弦量的初始值。

两个同频率的正弦量的相位之差称为初相之差，用φ_{12}表示。

$$\varphi_{12}=(\omega t+\varphi_1)-(\omega t+\varphi_2)=\varphi_1-\varphi_2$$

在图 2-2 中，电动势u_1比u_2早到达正的最大值，可以说u_1在相位上超前于u_2，或者说u_2在相位上落后于u_1；在图 2-3 中，电流i_1和i_2同时到达正的最大值，则称它们为相位相同或同相；在图 2-4 中，i_1到达正的最大值时，i_2到达负的最大值，则称它们相位相反或反相。

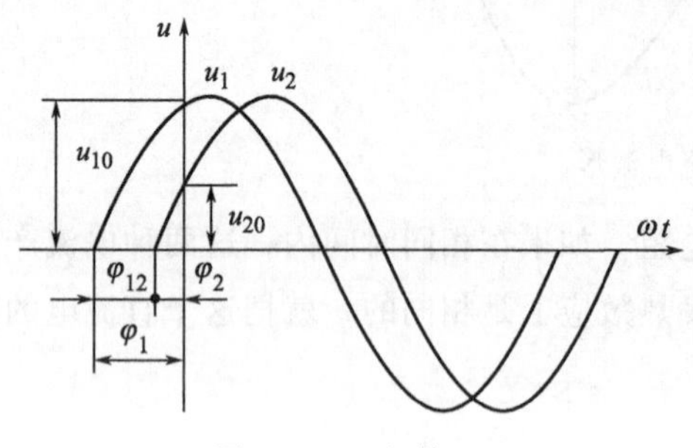

图 2-2　u_1超前u_2

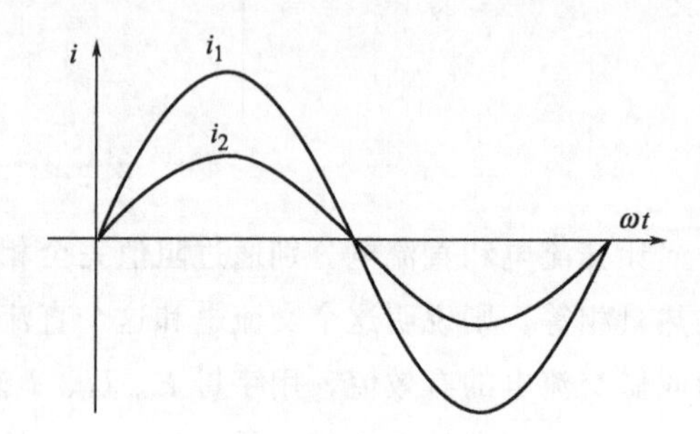

图 2-3　i_1与i_2同相

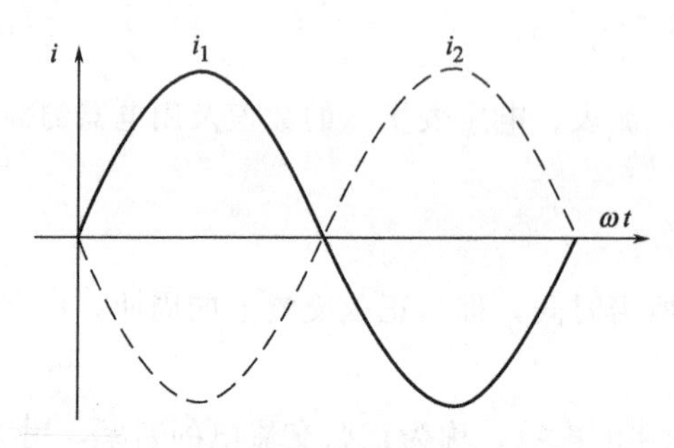

图 2-4　i_1与i_2反相

若$\varphi_{12}>0$，则称正弦量前者超前φ_{12}角，或称后者滞后φ_{12}角。

若$\varphi_{12}=0$，则称两个正弦量同相。

若$\varphi_{12}=90°$，则称两个正弦量正交。

若$\varphi_{12}=\pm180°$，则称两个正弦量反相。

四、正弦量的三要素

要完全确定一个正弦量，就必须知道这个正弦量变化的快慢、大小及初始状态，即必须知道它的角频率ω（或周期、频率）、最大值E_m（或U_m、I_m）和初相位φ这三个量。通常称正弦量的最大值、角频率和初相位为正弦量的三要素。

议一议

我国交流电的频率为 50Hz，那么其周期为多少？角频率为多少？

【例 2-1】 已知两正弦交流电压$u_1=100\sqrt{2}\sin(100\pi t+60°)$ V，$u_2=65\sqrt{2}\sin(100\pi t-30°)$ V。

求：①各电压的最大值和有效值；

② 频率、周期；

③ 相位、初相位、相位差。

解

① 最大值 $U_{m1}=100\sqrt{2}$V，最大值 $U_{m2}=65\sqrt{2}$ V

有效值 $U_1=\frac{100\sqrt{2}}{\sqrt{2}}=100$（V），有效值 $U_2=\frac{65\sqrt{2}}{\sqrt{2}}=65$（V）

② 频率　$f_1=f_2=\frac{\omega}{2\pi}=\frac{100\pi}{2\pi}=50$（Hz）

周期　$T_1=T_2=\frac{1}{f}=0.02$（s）

③ 相位　$\alpha_1=100\pi t+60°$，$\alpha_2=100\pi t-30°$

初相位　$\varphi_1=60°$，$\varphi_2=-30°$

相位差　$\varphi_{12}=\varphi_1-\varphi_2=60°-(-30°)=90°$

知识二　交流电路中的简单负载

一、纯电阻元件

1. 纯电阻元件的概念

在交流电路中，凡是电阻起主要作用的负载，如白炽灯、电烙铁、电炉、变阻器、电热水器、电饭锅等，称纯电阻元件。其在电路中的表示符号如图 2-5 所示。

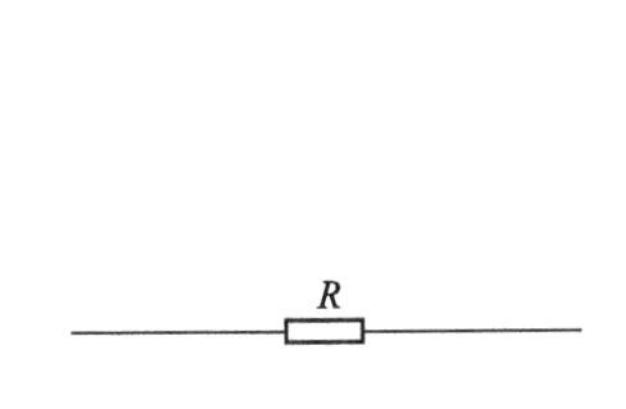

图 2-5　纯电阻元件

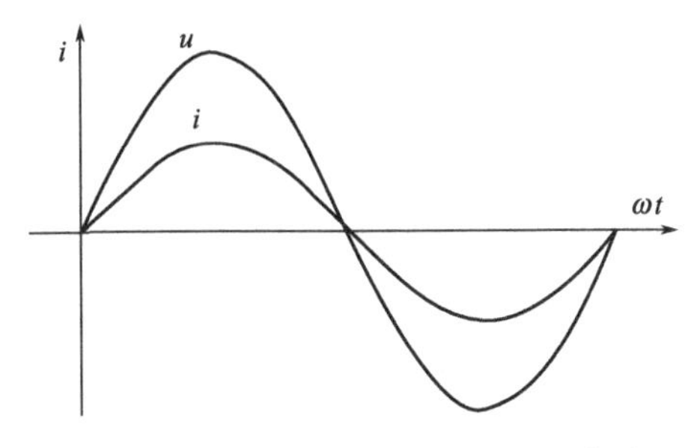

图 2-6　纯电阻元件电压与电流的相位关系

2. 纯电阻元件上电压、电流的相位关系及大小关系

在纯电阻电路中，流过电阻的电流与加在电阻两端的电压，是频率相同、相位相同的正弦量，见图 2-6。电压的有效值与电流有效值之间的大小关系为

$$U_R=IR$$

3. 能量转换及功率

纯电阻元件将电能转换成热能，消耗的功率称为有功功率，用 P 来表示，单位为 W。有功功率大小可表示为

$$P=U_RI=I^2R=\frac{U_R^2}{R}$$

【例 2-2】 一只白炽灯的额定参数为 220V/100W，其两端所加的电压为 $u=220\sqrt{2}\sin$

(314t) V。求：

① 交流电的频率；

② 白炽灯的工作电阻；

③ 白炽灯的有功功率。

解

① 交流电的频率为 $f=\frac{\omega}{2\pi}=\frac{314}{2\times 3.14}=50$ (Hz)

② 白炽灯的工作电阻 $R=\frac{U^2}{P}=\frac{220^2}{100}=484$ (Ω)

③ 白炽灯的有功功率 $P=\frac{U^2}{R}=\frac{220^2}{484}=100$ (W)

二、纯电感元件

1. 纯电感元件的概念

电感（电感线圈）是用绝缘导线（如漆包线、纱包线等）绕制而成的电磁感应元件，也是电子电路中常用的元器件之一。

当一个电感线圈（如变压器中的线圈、镇流器中的线圈）的电阻很小可忽略时，称这种线圈为纯电感元件。它在电路中的符号如图 2-7 所示。

电感元件 L 的单位为 H（亨利）、mH（毫亨）、μH（微亨），三者之间的关系是

$$1\text{H}=10^3\text{mH}=10^6\mu\text{H}$$

当线圈中有交流电流通过时，线圈中就会产生自感电动势来阻碍电流通过。用感抗 X_L 来表示电感元件对交流电的阻碍作用，感抗 X_L 的单位是 Ω，表达式是

$$X_L=\omega L=2\pi fL$$

式中 ω——交流电的角频率，rad/s；

f——交流电的频率，Hz。

可见，对直流电来说，$X_L=0$，线圈可视为短路；对交流电来说，电感对交流电起阻碍作用，且电感量 L 越大，电流频率越高，线圈对电流的阻碍作用越大。因此，纯电感元件有通直流阻交流的作用。

2. 纯电感元件上电压、电流的相位关系及大小关系

在纯电感电路中，通过电感的电流与加在电感两端的电压是同频率的正弦量。在相位上，电感上的电流落后于电压 90°，见图 2-8。电感上电压的有效值、电流的有效值之间的大小关系为

$$U_L=IX_L$$

3. 能量转换及功率

电感线圈中因 $R=0$，故通过交流电流时，不消耗电能，有功功率为零，只有线圈与电源间的能量交换，即时而线圈从电源吸取电能转换为磁能储存在线圈内，时而线圈将储存的磁能全部转换为电能，还给电源。线圈与电源间能量转换用无功功率 Q_L 来反映，Q_L 的单位是 var（乏），其表达式是

$$Q_L=U_LI=I^2X_L=\frac{U_L^2}{X_L}$$

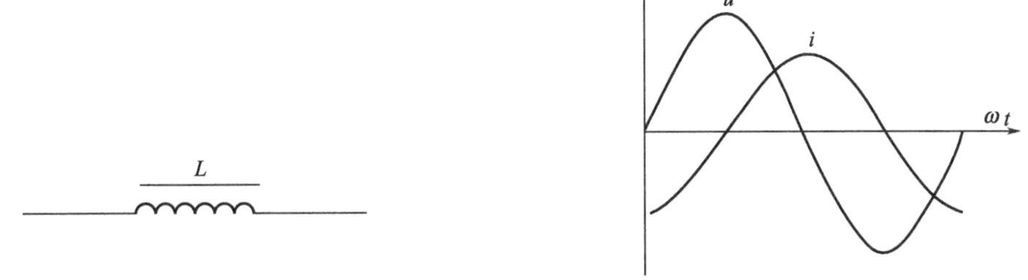

图 2-7　纯电感元件　　　　图 2-8　纯电感元件电压与电流的相位关系

【例 2-3】 一个电感线圈，电感量 $L=0.7\text{H}$，线圈电阻忽略不计。把它接在 220V、50Hz 的交流电源上，求流过线圈的电流和电路的无功功率。

解　线圈的感抗　　$X_L=2\pi fL=2\times3.14\times50\times0.7\approx220$（Ω）

流过线圈的电流　　$I=\dfrac{U}{X_L}=\dfrac{220}{220}=1$（A）

电路的无功功率　　$Q=UI=220\times1=220$（var）

议一议

在例 2-3 中，若电源频率变为 5000Hz，其他条件不变，线圈的感抗和流过线圈的电流如何变化？

三、纯电容元件

1. 纯电容元件的概念

任何两个彼此绝缘的导体（包括导线）组成的器件称为电容器，简称电容，是一种容纳电荷的器件。

在交流电路中，电容在忽略了介质损耗和漏电现象时，称为纯电容元件。电容在电路中的表示符号如图 2-9 所示。

电容器 C 的单位是 F（法拉），也可以用 μF（微法）、pF（皮法）表示，三者之间的关系是

$$1\text{F}=10^6\mu\text{F}=10^{12}\text{pF}$$

电容器在直流电的电路中除充、放电瞬间外，会使电路隔断；在交流电的电路中有容抗存在，用 X_C 来表示电容元件对电流的阻碍作用，容抗 X_C 的单位是 Ω，表达式是

$$X_C=\frac{1}{\omega C}=\frac{1}{2\pi fC}$$

电容器的容量越大，电流频率越高，电容器对电流的阻碍作用越小。因此，电容元件有隔直流通交流的作用，同时对交流电又具有阻低（频）通高（频）的特点。

2. 纯电容元件上电压、电流的相位关系及大小关系

在纯电容电路中，通过电容的电流与加在电容两端的电压是同频率的正弦量。在相位上，电容上的电压落后于电流 90°，见图 2-10。电容上电压的有效值、电流的有效值之间的大小关系为

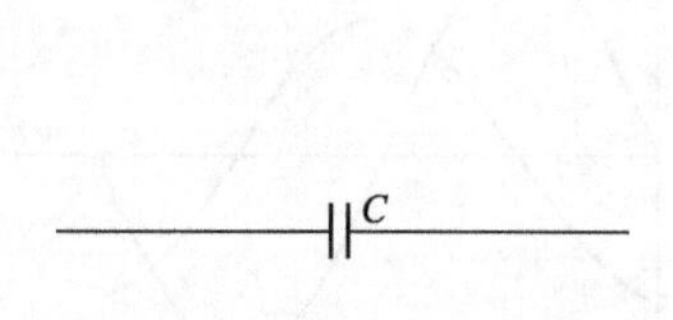

图 2-9　纯电容元件

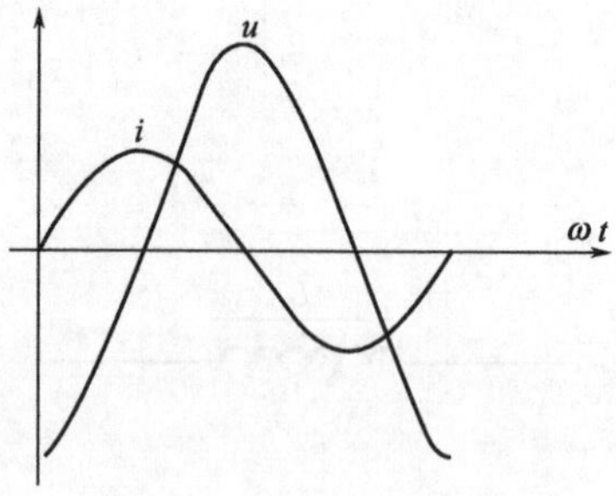

图 2-10　纯电容元件电压与电流的相位关系

$$U_C = IX_C$$

3. 能量转换及功率

电容器和电感线圈一样，是一个储能元件，而不是耗能元件，它只与电源间进行能量的周期性互换，但不消耗电能，其有功功率 $P=0$。电容器与电源间能量转换用无功功率 Q_C 来反映，Q_C 的单位是 var，其表达式是

$$Q_C = U_C I = I^2 X_C = \frac{U_C^2}{X_C}$$

【例 2-4】　一只容量 C 为 40μF 的电容器接在 $u=220\sqrt{2}\sin(314t-30°)$ V 的电源上，求：

① 电容的容抗；

② 电流的有效值；

③ 电路的无功功率。

解　①电容的容抗 $X_C=\frac{1}{2\pi fC}=\frac{1}{\omega C}=\frac{1}{314\times 40\times 10^{-6}}\approx 80$ (Ω)

② 电流的有效值　　$I=\frac{U}{X_C}=\frac{220}{80}=2.75$ (A)

③ 电路的无功功率　　$Q_C=UI=220\times 2.75=605$ (var)

想一想

日常生活中使用的电器，你能把它们分类吗？哪些属于电阻元件？哪些属于电感元件？哪些属于电容元件？哪些又是组合元件？

知识三　常用照明电路

一、做一做

① 按图 2-11 连接电路。

② 安装前要检查灯管、镇流器、启辉器等器件有无损坏，标称功率应保持一致。

③ 使用灯架的日光灯，先把灯座、启辉器、镇流器选好位置，固定在灯架上。

④ 正确连接日光灯的各器件，且美观、牢固。

⑤ 安装完毕后要认真检查，防止错接、漏接，并把裸露接头用绝缘带缠好。

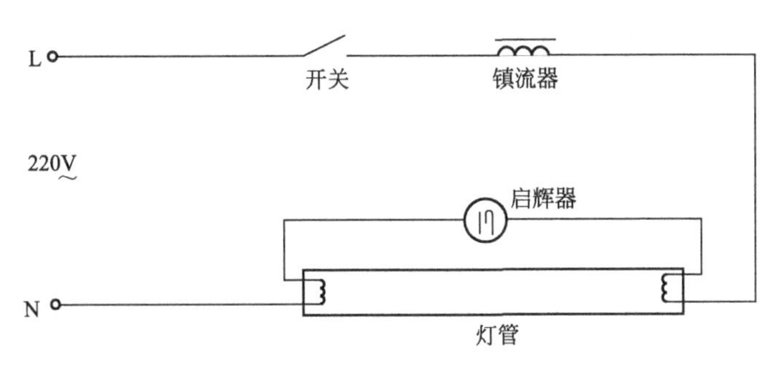

图 2-11　日光灯电路组成示意图

⑥ 通电灯亮后，填写表 2-1。

表 2-1　日光灯电路数据表

电源电压	V
灯管两端电压	V
镇流器两端电压	V
线路中电流	A

⑦ 由表 2-1 中数据计算：灯管两端电压÷线路中电流；镇流器两端电压÷线路中电流；电源电压÷线路中电流。

想一想

1. 电源电压为什么不等于镇流器两端电压加上灯管两端电压?

2. 表 2-1 计算数据的意义是什么?

二、日光灯电路的组成及工作原理

1. 日光灯电路的组成

日光灯电路由灯管、镇流器、启辉器等组成，如图 2-12 所示。灯管可视为电阻性负载，镇流器是一个电感线圈，因此日光灯电路可看成是一个电阻 R 和电感 L 串联的电路，其等效电路如图 2-13 所示。

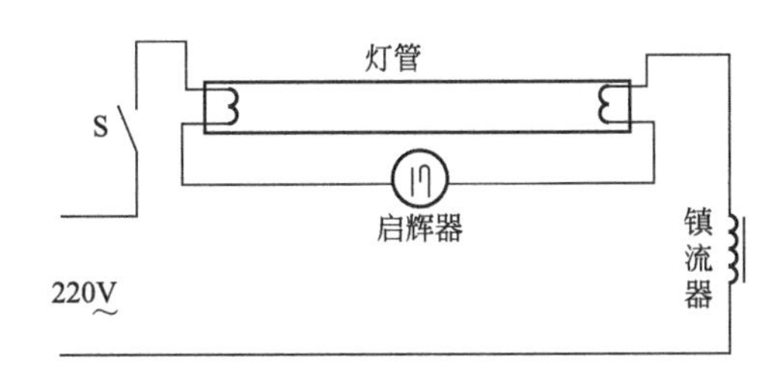

图 2-12　日光灯电路

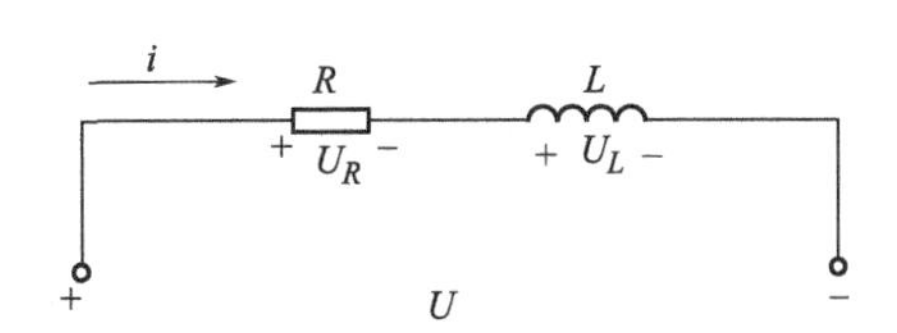

图 2-13　日光灯等效电路

2. 工作原理

在日光灯电路开始接通电源的时候，灯管尚不能点燃，此时启辉器内发生辉光放电，使其中的双金属片受热翘起导致触点闭合，接通灯丝电路，电流即流经镇流器、灯管两端的灯丝和启辉器。灯丝很快加热而发射电子。在启辉器内触点闭合后，辉光放电停止，双金属片随即冷却恢复原状，造成灯丝电路突然断开。在电路断开瞬间，镇流器中产生很高的自感电动势。此电动势作用在灯管的两端，热电子在高电压作用下，加速撞击灯管内汞原子而产生紫外线，又激励管壁上的荧光物质，使之发出可见光，日光灯便进入正常工作状态。灯管点燃后，电路中的电流将在镇流器上产生较大的电压，灯管两端的电压锐减，从而使得和灯管并联的启辉器，因承受的电压过低而不再启辉。

议一议

如果将日光灯上的启辉器或镇流器拿走，日光灯还能点亮吗？为什么？

三、日光灯电路中的能量转换及功率

1. 灯管

灯管为纯电阻性负载，将电源的电能转换成光能，消耗有功功率。

2. 镇流器

镇流器是一个电感线圈，线圈电阻很小可忽略，为纯电感元件。它不消耗电能，有功功率为 0，只有线圈与电源间的能量交换，即消耗无功功率 Q_L。

3. RL 串联电路的总阻抗和总电压、总电流

RL 串联电路的总阻抗

$$Z=\sqrt{R^2+X_L^2}$$

RL 串联电路的总电压

$$U=\sqrt{U_R^2+U_L^2}$$

电阻 R、感抗 X_L、总阻抗 Z 三者之间的关系是直角三角形的关系。电阻上的电压 U_R、电感上的电压 U_L、RL 串联电路的总电压 U 三者之间的关系也是直角三角形的关系。

RL 串联电路的总电流

$$I=\frac{U}{Z}$$

4. 电源提供的总功率

电源提供的总功率称为视在功率，用字母 S 表示。视在功率 S 的单位是 V·A，其表达式是

$$S=UI$$

有功功率 P、无功功率 Q、视在功率 S 三者之间也是直角三角形关系，即

$$S=\sqrt{P^2+Q^2}$$

日光灯电路中消耗的有功功率还可表示为

$$P=UI\cos\varphi$$

无功功率还可表示为

$$Q=UI\sin\varphi$$

式中，φ 为电路中电压和电流之间的相位差。

【例 2-5】 已知电感线圈的电阻 $R=6\Omega$，电感 $L=25.5\text{mH}$，若把它接在电源 $U=220\text{V}$，频率 $f=50\text{Hz}$ 的正弦交流电源上，求：

① 电路中的电流；

② 有功功率；

③ 无功功率；

④ 视在功率。

解 ① 电路中的电流

$$X_L=2\pi fL=2\times3.14\times50\times25.5\times10^{-3}=8\ (\Omega)$$

$$Z=\sqrt{R^2+X_L^2}=\sqrt{6^2+8^2}=10\ (\Omega)$$

$$I=\frac{U}{Z}=\frac{220}{10}=22\ (\text{A})$$

② 有功功率 $P=I^2R=22^2\times6=2904\ (\text{W})$

③ 无功功率 $Q=I^2X_L=22^2\times8=3872\ (\text{var})$

④ 视在功率 $S=UI=220\times22=4840\ (\text{V}\cdot\text{A})$

四、日光灯电路常见故障的现象、可能原因及排除方法

日光灯电路常见故障的现象、可能原因及排除方法见表 2-2。

表 2-2 日光灯电路常见故障的现象、可能原因及排除方法

故障现象	产生故障的可能原因	排除方法
灯管不发光	①停电或保险丝烧断导致无电源 ②灯座触点接触不良或电路接触不良 ③启辉器损坏或与基座触点接触不良 ④镇流器绕组或管内灯丝断裂或脱落	①找出断电原因，检修好故障后恢复送电 ②重新安装灯管或连接松散线头 ③旋动启辉器看是否损坏，再检查线头是否脱落 ④用欧姆表检测绕组和灯丝是否开路
灯丝两端发亮	启辉器接触不良，或内部小电容击穿，或基座线头脱落，或启辉器已损坏	按上一个故障现象的排除方法③检查，若启辉器内部电容击穿，可剪去继续使用
启辉困难（灯管两端不断闪烁，中间不亮）	①启辉器不配套 ②电源电压太低 ③环境温度太低 ④镇流器不配套，启辉器电流过小 ⑤灯管老化	①换配套启辉器 ②调整电压或降低线损，使电压保持在额定值 ③对灯管热敷（注意安全） ④换配套镇流器 ⑤更换灯管
灯光闪烁或管内有螺旋形滚动光带	①启辉器或镇流器连接不良 ②镇流器不配套（工作电压过大） ③新灯管暂时现象 ④电源电压过高	①接好连接点 ②换上配套镇流器 ③使用一段时间，会自行消失 ④调低电压至额定工作电压
镇流器过热	①镇流器质量差 ②启辉系统不良，使镇流器负担加重 ③镇流器不配套 ④电源电压过高	①温度超过 65℃应更换镇流器 ②排除启辉系统故障 ③更换配套镇流器 ④调低电压至额定工作电压
镇流器异声	①铁芯叠片松动 ②铁芯硅钢片质量差 ③绕组内部短路（伴随过热现象） ④电源电压过高	①坚固铁芯 ②换硅钢片或整个镇流器 ③换绕组或整个镇流器 ④调低电压至额定工作电压
灯管两端发黑	①灯管老化 ②启辉不佳 ③电压过高 ④镇流器不配套	①更换灯管 ②排除启辉系统故障 ③调低电压至额定工作电压 ④换配套镇流器
灯管光通量下降	①灯管老化 ②电压过低 ③灯管处于冷风直吹位置	①更换灯管 ②调整电压，缩短电源线路 ③采取遮风措施
开灯后灯管马上被烧毁	①电压过高 ②镇流器短路	①检查电压过高原因并排除 ②更换镇流器
断电后灯管仍发微光	①荧光粉余辉特性 ②开关接到了零线上	①过一会将自行消失 ②将开关改接至相线上

知识四 功率因数及提高的方法

一、做一做

① 按图 2-14 连接好线路。

②不接入电容器时，用功率表、电流表、万用表分别测量电路的功率 P、电流 I 和电源两端电压 U、灯管上电压 U_1、镇流器上电压 U_2。

③ 单独接入电容器 C_1 后，分别测量 P、I、U、U_1、U_2。

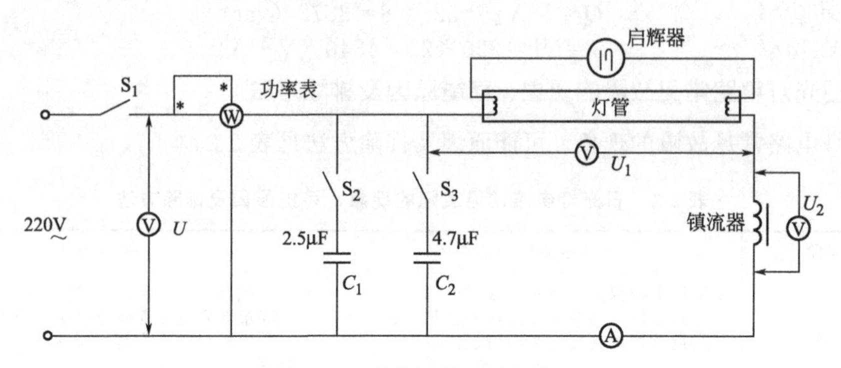

图 2-14 功率因数测量电路

④ 同时接入电容器 C_1、C_2 后，分别测量 P、I、U、U_1、U_2。

⑤ 将测量数据填入表 2-3 中。

表 2-3 功率因数测量电路数据表

电路特征	测量结果记录					计算结果
	P/W	I/A	U/V	U_1/V	U_2/V	$\cos\varphi=\frac{P}{UI}$
不接入电容器时						
只接入 C_1 时						
同时接入 C_1、C_2 时						

二、功率因数的概念

把有功功率 P 和视在功率 S 之比称为功率因数，用 $\cos\varphi$ 表示，即

$$\cos\varphi=\frac{P}{S}$$

功率因数 $\cos\varphi$ 是用电设备的一个重要指标。若 $\cos\varphi<1$，就意味着在感性负载的电路中，有功功率只占电源容量的一部分，还有一部分能量并没有消耗在负载上，而是与电源之间反复进行交换，这就是无功功率，它也占用了电源的部分容量。

三、提高功率因数的意义

1. 充分利用电源设备的容量

假设电源设备的容量 $S=40\text{kV}\cdot\text{A}$，功率因数 $\cos\varphi=0.4$，可接 40W 的日光灯 400 盏，如果接 40W 的白炽灯，功率因数 $\cos\varphi=1$，则能接 1000 盏。因此功率因数大，表示电路中

用电器的有功功率大，电能的利用率高。

2. 减少供电线路的功率损耗

在电源电压一定的情况下，对于相同功率的负载，功率因数越低，电流越大，供电线路上电压降和功率损耗也越大。

例如 220V/40W 的白炽灯（$\cos\varphi=1$），电流为 0.18A；而 220V/40W 的日光灯，因其功率因数 $\cos\varphi=0.4$，所以电流为 0.455A。显然，经过线路电阻带来的电压降和功率损耗也要大得多。

四、提高功率因数的办法

1. 感性负载两端并联电容器

在感性负载两端并联一个容量适当的电容器，可以提高 $\cos\varphi$。如日光灯电路，由于镇流器具有较大的电感，因此日光灯电路的功率因数较低。可以在灯管两端并联电容器，如图 2-15 所示，使电容器与电感线圈之间进行能量互换，从而使电阻消耗的有功功率提高。

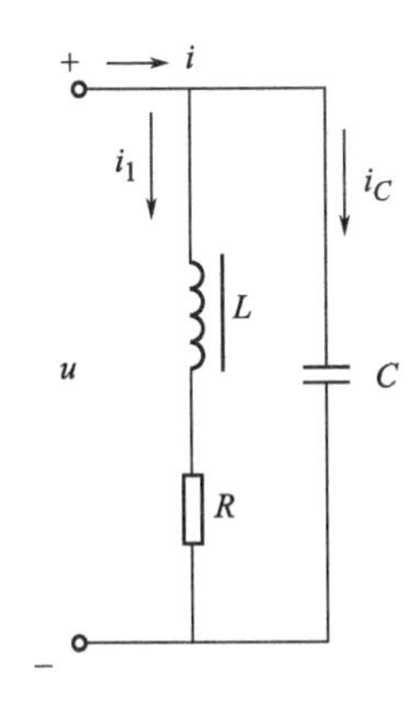

图 2-15　感性负载两端并联电容器

2. 提高自然功率因数

在工业生产中，要合理选用电动机，要求如下。

① 避免用容量大的电动机来带动小功率的负载。

② 尽量不让电动机空转。

【例 2-6】 某发电机的输出电压为 220V，视在功率为 220kV·A，如向电压为 220V、$\cos\varphi=0.8$、有功功率为 44kW 的工厂供电，问

① 能同时供给几个工厂使用?

② 若把 $\cos\varphi$ 提高到 1，又能同时供给几个工厂使用?

解　① 发电机的输出电流为

$$I=\frac{S}{U}=\frac{220\times10^3}{220}=1000\ (\text{A})$$

每个工厂取用电源的电流为

$$I'=\frac{P}{U\cos\varphi}=\frac{44\times10^3}{220\times0.8}=250\ (\text{A})$$

能同时供给的工厂数为 $n=\frac{I}{I'}=\frac{1000}{250}=4$（个）

② 若把 $\cos\varphi$ 提高到 1，每个工厂取用电源的电流为

$$I''=\frac{P}{U\cos\varphi}=\frac{44\times10^3}{220\times1}=200\ (\mathrm{A})$$

能同时供给的工厂数为 $n=\frac{I}{I''}=\frac{1000}{200}=5$（个）

知识拓展一 测电笔

1. 低压测电笔

低压测电笔有钢笔式和旋具式两种，如图 2-16 所示。

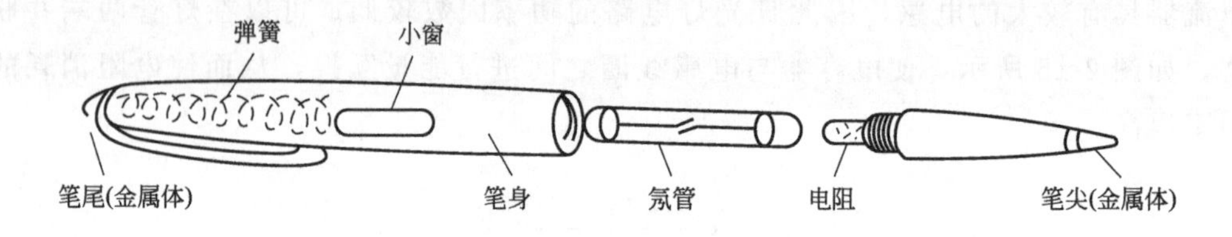

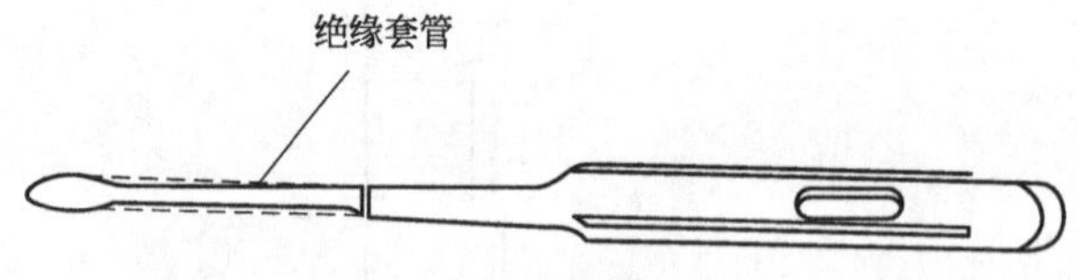

图 2-16 低压测电笔

低压测电笔检测电压的范围为 60～500V。当测试带电体时，电流经带电体、笔尖、电阻、氖管、弹簧、笔尾、人体到大地形成串联的通电回路，只要带电体与大地之间的电位超过 60V，电笔中的氖管就会发亮。由于这段电路中串有高阻值的电阻，故电流很小，对人体没有危害。

2. 低压测电笔用途

按图 2-17 所示的正确方法握好测电笔，并使手指触及笔尾的金属体，使氖管小窗体背光朝向自己。

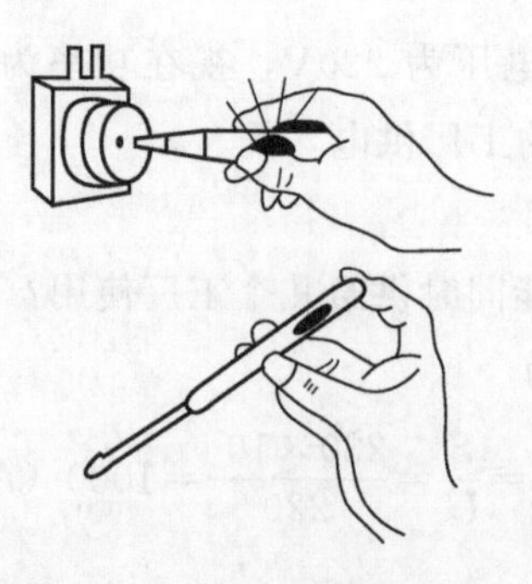

图 2-17 低压测电笔的使用

低压测电笔用途见表 2-4。

表 2-4 低压测电笔用途

项目	工艺过程	现象
电压高低的判别	测电笔触及不同的电压值	氖管发亮强弱不同
相线和零线的判别	测电笔触及相线	氖管发亮
	测电笔触及零线	氖管不亮(正常状态)
直流电、交流电的区别	测电笔触及直流电	氖管两个电极同时发亮
	测电笔触及交流电	氖管只有一个电极发亮
直流电正负极的判别	把测电笔连在直流电的正负极之间	直流电负极侧的氖管发亮
设备外壳带电而且接地装置欠佳的鉴别	用测电笔触及电动机或调压器等电气设备的外壳	氖管发亮,说明该设备外壳带电而且接地装置欠佳,如果该设备外壳有良好的接地装置,氖管是不会发亮的

知识拓展二 万 用 表

1. 结构

万用表有指针式和数字式两种，主要由表头（微安表）、转换开关和测量线路组成。通过转换开关的换接，测量线路构成不同形式的电路，以满足不同测量种类和不同量程的选择。

图 2-18 为 MF-9 型万用表外形图。

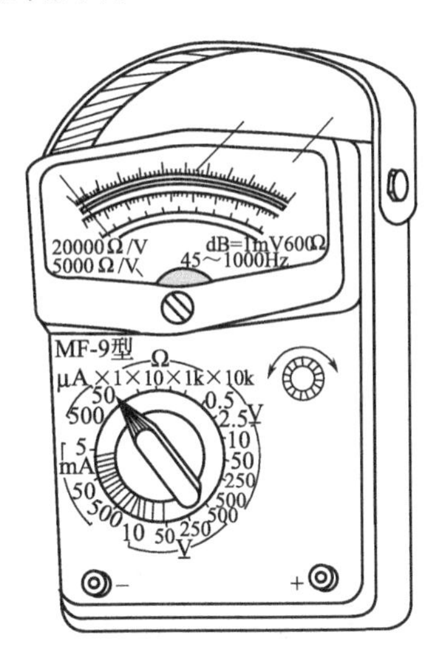

图 2-18 MF-9 型万用表外形

图 2-19 为万用表测直流电流、电压的原理图。

2. 用途

万用表是一种多用途、多量程的直读式仪表，常用来测直流电压、电流，交流电压、电流和电阻，也可测电容、电感、晶体管参数、音频电平等值。

3. 指针式万用表标尺

在万用表的表盘上，有很多条刻度线，通称为标尺。用来表示被测电阻、电压、电流等值。测量时，必须根据测量种类和量程，找好对应刻度线读取数据。图 2-20 为 MF-9 型万用表的标尺。

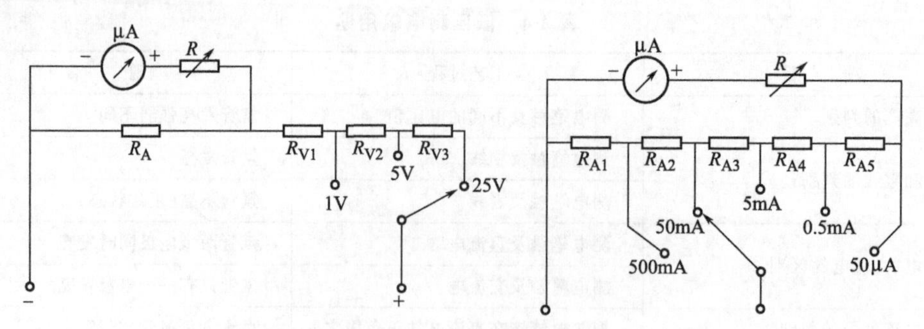

图 2-19　万用表原理图

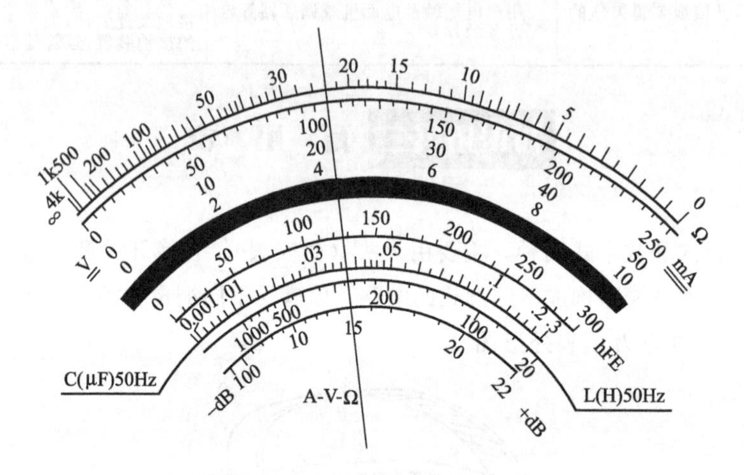

图 2-20　MF-9 型万用表的标尺

4. 使用注意事项

① 测量前应先检查万用表内电池电压是否足够。

具体方法：先将转换开关置于电阻挡的“×1”位置（测 1.5V 电池），再将两只表笔相碰，看指针是否指在零位，若通过调整“调零旋钮”，指针仍不能指在零位，说明电池电量不足，需更换。

② 机械调零。

具体方法：调整“调零旋钮”，使指针对准刻度盘的 0 位线即可。

③ 万用表面板下方有两个插孔，分别标注“＋”和“－”（或 *）两种符号，测量时，应把红表笔插入“＋”插孔，黑表笔插入“－”插孔。

④ 选择合适的量程。建议使万用表指针偏转在（1/2～2/3）满刻度之间，因为此区间测量误差较小，结果比较准确。

⑤ 测量直流电流时，必须注意极性，保证电流从红表笔进入，从黑表笔流出。测量电流时，必须先断开电源再串入万用表。

⑥ 禁止在被测元件带电状态下，调整转换开关，以免损坏开关、表头及指针。

⑦ 测量时，手必须拿在表笔的绝缘部分，并养成单手操作的习惯，即将一只表笔固定在被测电路的公共接地端，单手拿另一只表笔进行测量。

⑧ 测量结束后，应把挡位调整到交流电压最大挡（或空挡），以免表笔相碰，空耗表内电池。

知识拓展三　两地控制灯的照明线路

用一只单联开关来控制楼道口的灯，无论是装在楼上还是楼下，开灯和关灯都不方便，装在楼下，上楼时开灯方便，到楼上就无法关灯；反之，装在楼上同样不方便。因此，为了方便和节约用电，就在楼上、楼下各装一只双联开关来同时控制楼道口的这盏灯，这就是用两只双联开关控制一只白炽灯电路。

1. 双联开关

双联开关的结构见图 2-21 所示。它有三个接线端，其中接线端 1 为连接铜片（简称连片），它就像一个活动的桥梁一样，无论怎样拨动开关，连片 1 总要跟接线端 2、3 中的任一个保持接触，从而达到控制电路通或者断的目的。

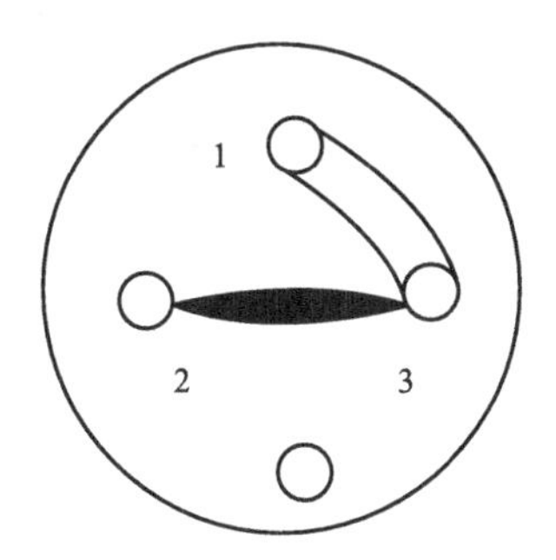

图 2-21　双联开关结构

2. 控制电路原理

双联开关灯控制电路原理如图 2-22 所示。

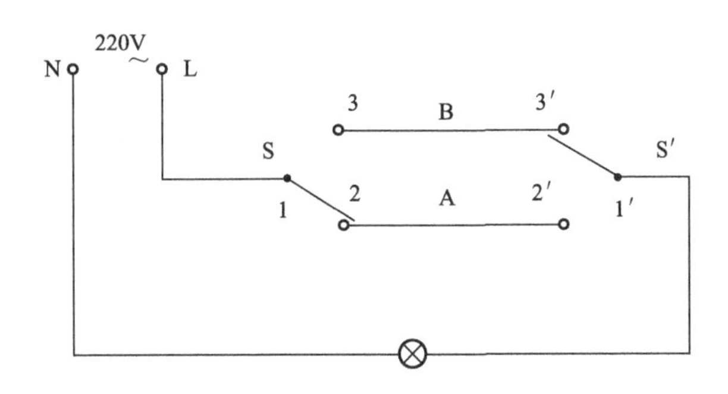

图 2-22　双联开关灯控制电路原理

由图可知，两只双联开关 S、S′串联后再与灯座串联。双联开关 S 中连片 1 接相线（即火线），双联开关 S′中连片 1′接灯座，双联开关 S 中接线端 2 和双联开关 S′中接线端 2′相连接，双联开关 S 中接线端 3 和双联开关 S′中接线端 3′相连接，分别构成 A 和 B 两条通路。此时任意拨动双联开关 S 或 S′，均可接通 A、B 中任一条线路而使灯泡发光，即 1 和 2、1′和 2′相接触，构成 A 路通，或 1 和 3、1′和 3′相接触，构成 B 路通。再任意拨动双联开关 S 或 S′，A、B 两条线路均断开，灯泡不亮，即 1 和 2、1′和 3′相接触或 1 和 3、1′和 2′相接触。

3. 控制电路的安装

两地控制灯照明线路的安装接线图见 2-23 图。

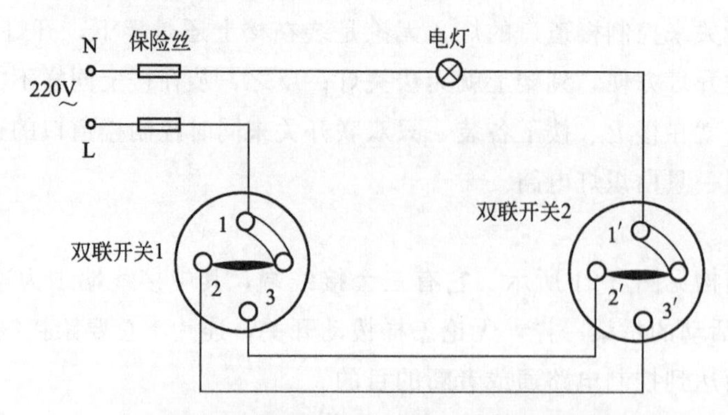

图 2-23　两地控制灯照明线路的安装接线图

知识拓展四　电路中的谐振

1. 谐振的概念

将由电阻、电感、电容组成的电路接入正弦交流电源后，若电路两端的电压与通过电路的电流同相位时（即 $X_L=X_C$），电路呈电阻性，这种电路的工作状态称为谐振。发生在串联电路中的谐振称为串联谐振，发生在并联电路中的谐振称为并联谐振。

2. 串联电路的谐振

RLC 串联电路如图 2-24 所示。串联谐振时，电路的阻抗 $Z=R$，谐振频率为

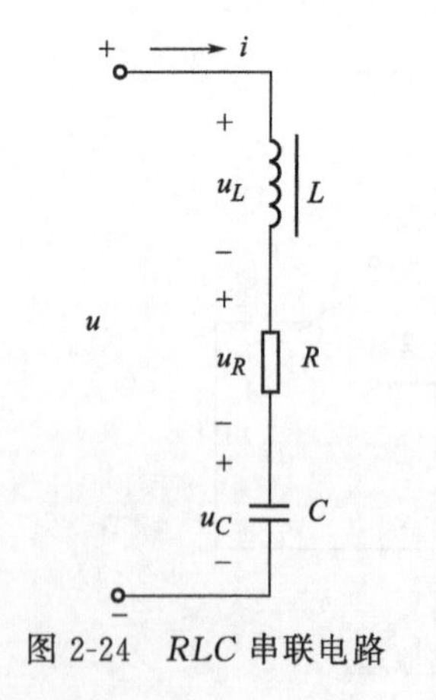

图 2-24　*RLC* 串联电路

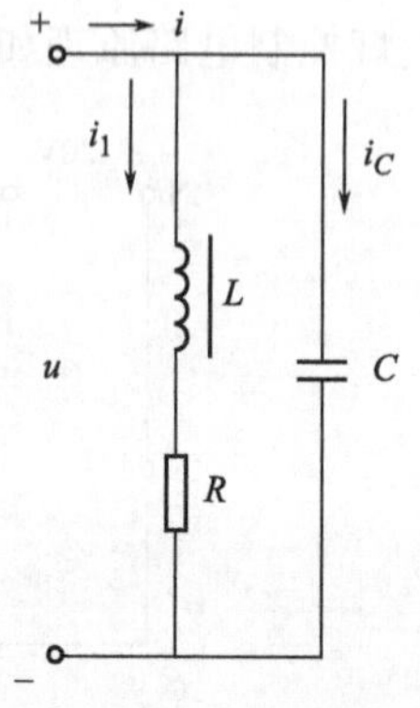

图 2-25　*RLC* 并联电路

$$f_0=\frac{1}{2\pi\sqrt{LC}}$$

此时若外加电压不变，则电路中的电流最大。

3. 并联电路的谐振

RLC 并联电路如图 2-25 所示。并联谐振时，电路的阻抗 $Z=\frac{L}{RC}$，谐振频率为

$$f_0=\frac{1}{2\pi\sqrt{LC}}$$

此时若外加电压不变，则电路中的电流最小。

议一议

在人们的生活中，哪些日用电器运用了谐振原理？

知识拓展五 护套线照明电路的安装

一、护套线敷设

护套线分为塑料护套线、橡胶护套线和铅包线三种。塑料护套线是一种具有塑料保护层的双芯或多芯绝缘导线，具有防潮、耐酸和耐腐蚀、线路造价较低和安装方便等优点。可以敷设在建筑物的表面，用铝线卡作为导线的支持物。塑料护套线敷设的施工方法简单、线路整齐美观、造价低廉，广泛用于电气照明及其他配电线路。但塑料护套线不宜直接埋入抹灰层内暗配敷设，并不得在室外露天场所明配敷设。同时，由于导线的截面积较小，大容量电路不能采用。

1. 护套线照明电路配线安装示意图及原理图

护套线照明电路配线安装示意图见2-26，护套线接线原理图见图2-27。

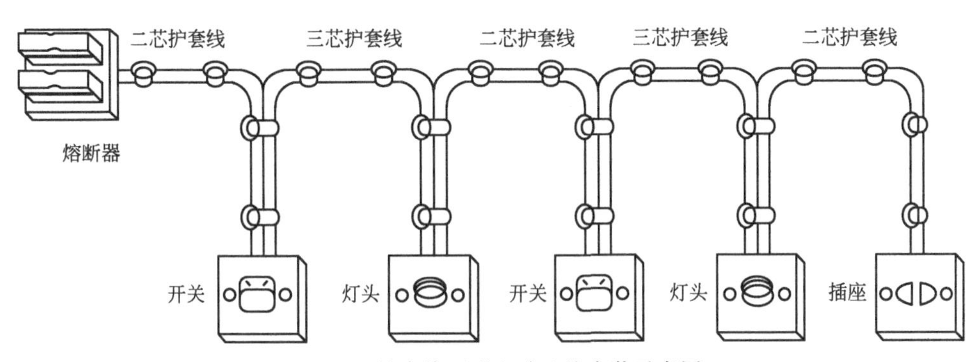

图2-26 护套线照明电路配线安装示意图

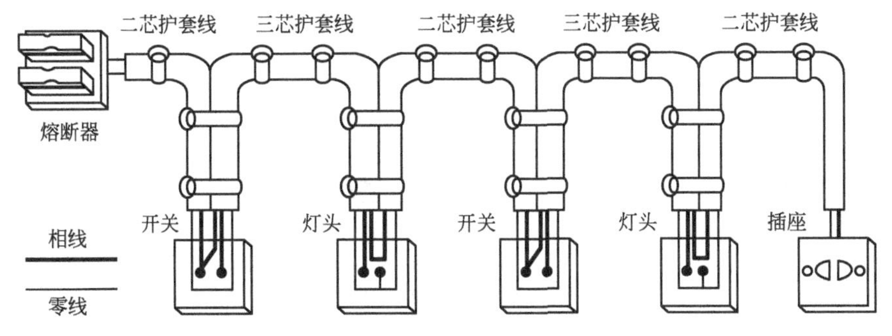

图2-27 护套线接线原理图

2. 护套线照明电路配线安装方法

(1) 画线定位

先确定线路走向，各用电器的安装位置，然后用弹线袋画线，同时按塑料护套线的安装要求，每隔150～300mm画出固定铝线卡的位置。距开关、插座和灯具的接线盒50mm处都需要设置铝线卡的固定点。

（2）固定铝线卡

铝线卡的规格有 0 号、1 号、2 号、3 号、4 号，号码越大，长度越长，在室内外照明线路中通常用 0 号和 1 号铝线卡，但主要还是按导线根数和规格选用。按固定的方式不同，铝线卡的形状有小铁钉固定和用粘接剂固定的两种，如图 2-28 所示。

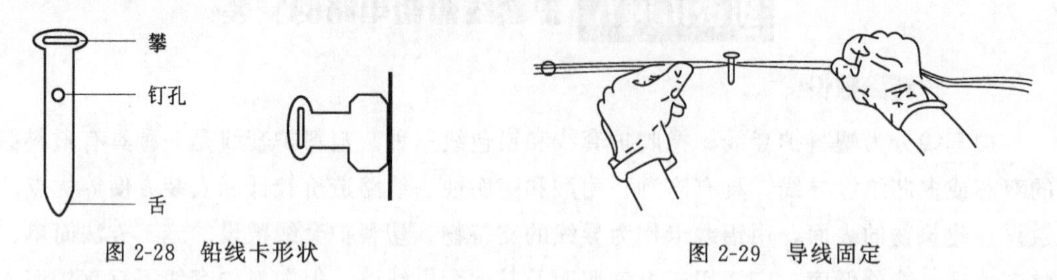

图 2-28　铝线卡形状　　图 2-29　导线固定

（3）导线敷设

放线工作是保证塑料护套线敷设质量的重要环节，不可使导线产生扭曲现象。为使导线整齐美观，需将导线敷得横平竖直。敷设时，一手持导线，另一手将导线固定在铝线卡上，如图 2-29 所示。如需转弯时，弯曲半径不应小于护套线宽度的 3～6 倍，转弯前后应各用一个铝线卡夹住，如图 2-30 所示。

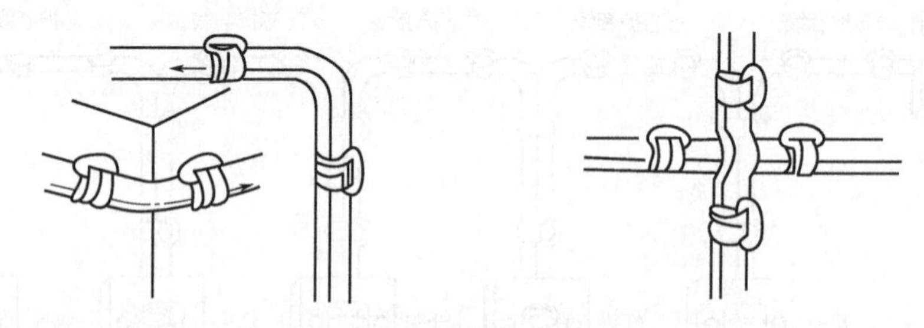

图 2-30　导线转弯、交叉固定

（4）铝线卡的夹持

塑料护套线均置于铝线卡的钉孔位后，可按图 2-31 所示方法将铝线卡收紧夹持塑料护套线。

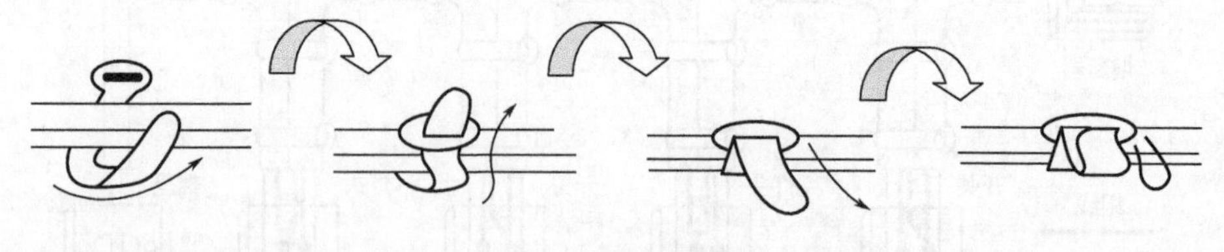

图 2-31　铝线卡固定

（5）照明装置安装

将开关、灯头、插座安装在木台上，并连接导线。三芯护套线红芯线为相线，蓝芯线为开关来回线，黑芯线为中性线。

二、安装要求

① 室内使用的护套线其截面积规定为：铜芯不得小于 0.5mm²，铝芯不得小

于1.5mm^2。

② 线路要求整齐美观，导线横平竖直。当几根护套线平行敷设时，应敷设紧密，线与线之间不能有明显空隙。

③ 护套线在线路上不可采用线与线直接连接，而应采用接线盒或借用电器装置的接线端子来连接导线。

④ 安装电器时，开关要装在火线上，后一开关的火线要从前一开关的入端引出；灯头的顶端接线应接在火线上；插座两孔应处于水平位置，相线接右孔，中性线接左孔。

做做练练

一、填空题

1. 正弦交流电的三要素包括______、______、______。

2. 通常所说交流电压222V或380V指的是交流电压的______值。

3. 交流电的最大值和有效值之间的关系是______。

4. 我国交流电的周期是______，频率是______。

5. 纯电阻元件上电压与电流的大小关系为______。

6. 纯电感元件上电压与电流的大小关系为______。

7. 交流电路中有功功率用______表示，无功功率用______表示，视在功率用______表示。

8. 日光灯电路可以看成是________元件与________元件串联的。

9. 功率因数是______功率与______功率的比值。

10. 功率因数大，表示电路中__________大，__________利用率高。

11. 已知交流电压 $u=311\sin(314t+60°)$V，可知该交流电压的有效值 $U=$______V，周期 $T=$________s，频率 $f=$______Hz，初相 $\varphi=$________。

二、选择题

1. 若照明用交流电 $u=220\sqrt{2}\sin 100\pi t$V，以下说法正确的是（　　）。

A. 交流电压最大值为220V　　B. 1s内交流电压方向变化50次

C. 1s内交流电压有100次达最大值　　D. 交流电压有效值为220V

2. 两个交流电流的表达式为 $i_1=10\sin(314t-90°)$A，$i_2=10\sin(628t-30°)$A，以下说法正确的是（　　）。

A. i_1 比 i_2 超前60°　　B. i_1 比 i_2 滞后60°

C. i_1 比 i_2 超前90°　　D. 不能判断相位差

3. 已知一个电阻上的电压 $u=10\sqrt{2}\sin(314t-90°)$V，测得电阻上消耗的功率为20W，则这个电阻的阻值为（　　）。

A. 5Ω　　B. 10Ω　　C. 20Ω　　D. 40Ω

4. 在纯电感交流电路中，电压有效值不变，增加电源频率时，电路中的电流（　　）。

A. 增大　　B. 减小　　C. 不变

5. 在纯电容交流电路中，电压有效值不变，增加电源频率时，电路中的电流（　　）。

A. 增大　　B. 减小　　C. 不变

6. 若电路中某元件两端电压 $u=36\sqrt{2}\sin(314t-180^\circ)\text{V}$，电流 $i=4\sin(314t+180^\circ)\text{A}$，则该元件是（　　）。

A. 电阻　　B. 电感　　C. 电容

7. 若电路中某元件两端电压 $u=10\sqrt{2}\sin(314t+45^\circ)\text{V}$，电流 $i=5\sin(314t+135^\circ)\text{A}$，则该元件是（　　）。

A. 电阻　　B. 电感　　C. 电容

三、计算题

1. 中央人民广播电台的广播频率中有一个 56kHz，而我国某飞机上交流电供电频率为 400kHz，试分别求出它们的周期和角频率。

2. 让 10A 的直流电流和最大值为 12A 的正弦交变电流分别通过阻值相同的电阻，在一个周期内，问哪个电阻的发热量大?

3. 一只白炽灯接在 $u=311\sin(314t-60^\circ)\text{V}$ 的交流电源上，灯泡炽热时电阻为 484Ω，求流过灯泡电流及灯泡消耗的功率。

4. 一个纯电感线圈 $L=41\text{mH}$，接在电源两端，电路如图 2-32 所示。已知电压 $u=28\sin(314t+90^\circ)\text{V}$，求电压表及电流表的读数，并求有功功率和无功功率。

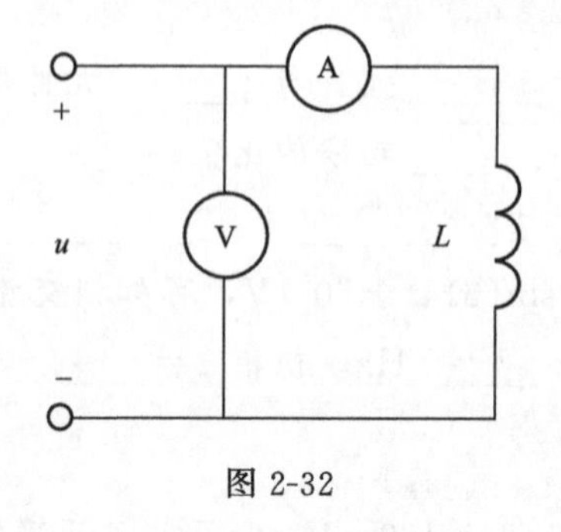

图 2-32

5. 为了测定一个空心线圈的参数，在线圈两端加以正弦电压，今测得电压 $U=110\text{V}$，电流 $I=0.5\text{A}$，功率 $P=40\text{W}$，电压的频率 $f=50\text{Hz}$，试根据测得的数据算出线圈的电感和电阻。

6. 在图 2-33 的正弦交流电路中，电压表 V_1、V_2 的读数都是 10V，试求图（a）、图（b）电压表 V 的读数。

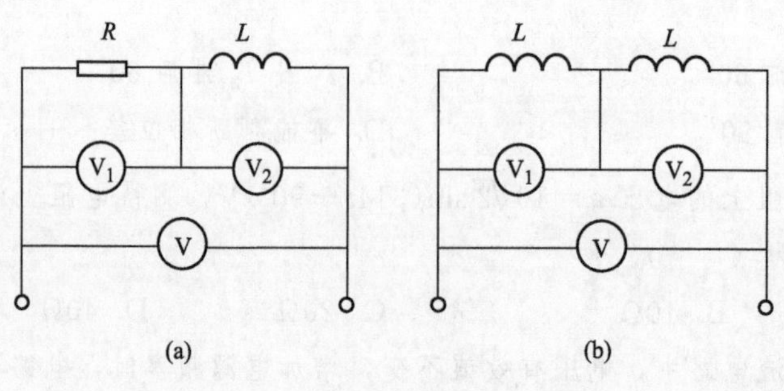

图 2-33

7. 已知线圈电阻为 $R=6\Omega$，电感 $L=0.0255\text{H}$，若把它接在电压为 $U=220\text{V}$，频率 $f=50\text{Hz}$的正弦交流电源上。试求：①电路中的电流；②功率因数；③有功功率、无功功率、视在功率。

8. 在高频电炉中，通入 $i=141\sin(1256\times10^3t+60°)\text{A}$ 的交流电，试求该电流的周期、频率、角频率、最大值、有效值、初相位。

四、问答题

1. 电感线圈、电容器对直流和交流的影响有何不同？
2. 在纯电感电路中，电压的相位超前于电流，是否意味着先有电压后有电流？
3. 功率因数的定义是什么？为什么要提高功率因数？

项目二　三相交流电路

生活中所使用的交流电称为单相交流电，电源和负载是用两根导线连接起来的，只有一个电源供电。而实际中的发电、输电和配电电路广泛采用的是三相交流电路，作为工厂动力设备的电动机多数是三相交流电动机。那么什么是三相交流电路？负载和电源之间如何连接？负载消耗的功率又如何确定？本项目就是要来解决这些问题。

相关知识点： 三相电源的连接　三相负载的连接　三相电功率

知识一　三相电源的连接

一、三相对称交流电源的概念

由三个频率相同、振幅相同、初相依次相差 120°的正弦交流电源按一定方式连接而成的供电系统，称为三相对称交流电源。其波形如图 2-34 所示。

其数学表达式为

$$e_{\text{U}}=E_{\text{m}}\sin\omega t$$
$$e_{\text{V}}=E_{\text{m}}\sin(\omega t-120°)$$
$$e_{\text{W}}=E_{\text{m}}\sin(\omega t-240°)=E_{\text{m}}\sin(\omega t+120°)$$

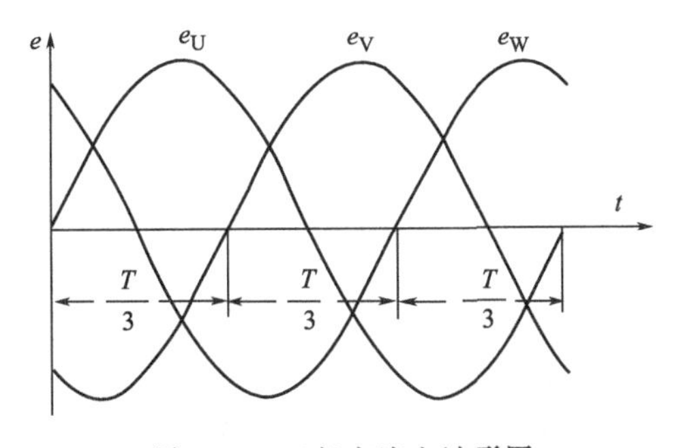

图 2-34　三相交流电波形图

三相电动势按其达到最大值的先后顺序，称为相序。若达到最大值的先后顺序为 U→V→W→U，则叫顺相序；若达到最大值的先后顺序为 U→W→V→U，则叫逆相序。

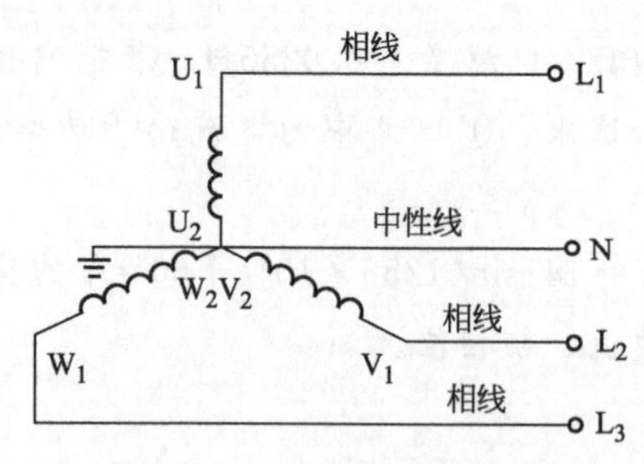

图 2-35　三相电源星形连接

二、三相电源的连接方式

1. 星形（Y 形）连接

若将电源的三相绕组的末端（U_2、V_2、W_2）连接在一起，分别由三个首端（U_1、V_1、W_1）引出三条输电线 L_1、L_2、L_3，称为星形连接，如图 2-35 所示。这三条输电线称为相线（或火线），用黄、绿、红表示。U_2、V_2、W_2 的连接点称为中性点，从中性点引出的导线称为中性线（或零线），用 N 表示。因它经常接地，又称为地线。中性线用黄绿相间的颜色表示。这种由三根相线和一根中性线组成的供电线路称为三相四线制；若不引出中性线，则叫三相三线制。

每相绕组首末两端之间的电压，即每根相线与中性线之间的电压，称为相电压，其有效值用字母 U_P 表示。两根相线之间的电压称为线电压，其有效值用字母 U_L 表示。U_P 与 U_L 之间的大小关系为

$$U_L=\sqrt{3}U_P$$

由此可知，若线电压为 380V，则相电压为 220V。

2. 三角形（Δ 形）连接

若将电源的三相绕组的首末端依次连接，组成一个三角形，从三角形的三个顶点引出三根输电线，称为三角形连接。如图 2-36 所示。此时

$$U_L=U_P$$

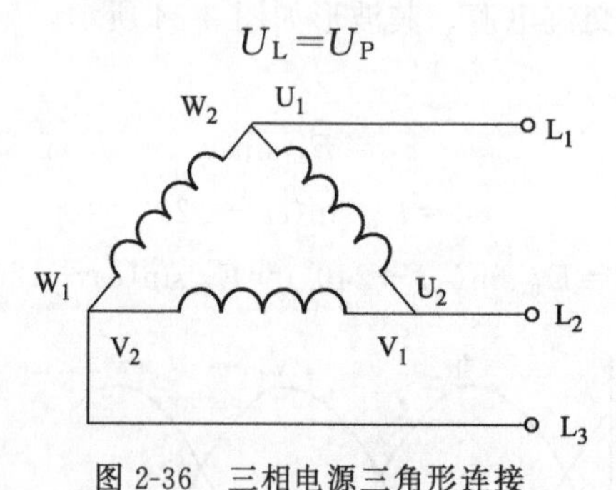

图 2-36　三相电源三角形连接

想一想

我国的供电方式是星形（Y 形）连接还是三角形（Δ 形）连接。

知识二　三相负载的连接

一、做一做

1. 三相负载星形连接

① 按图 2-37 连接电路。

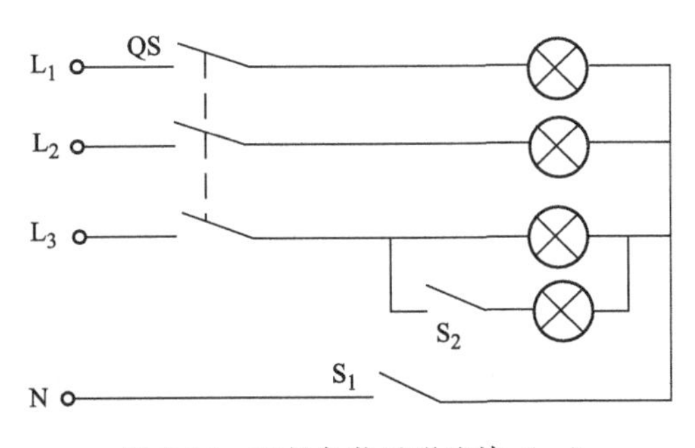

图 2-37 三相负载星形连接（一）

② 三相负载对称时（S_2 断开），用电流表测量有中性线（S_1 闭合）和无中性线（S_1 断开）时每相负载上的电流（即相电流）；用万用表测量负载相电压及线电压。

③ 三相负载不对称时（S_2 闭合），用电流表测量有中性线（S_1 闭合）和无中性线（S_1 断开）时负载相电流；用万用表测量负载相电压及线电压。

④ 将测量结果填入表 2-5 中。

表 2-5 三相负载星形连接测量结果

负载连接情况		相电流大小/A			相电压大小/V			线电压大小/V		
		I_1	I_2	I_3	U_1	U_2	U_3	U_{12}	U_{23}	U_{13}
负载对称（S_2 断开）	S_1 断开(无中性线)									
	S_1 闭合(有中性线)									
负载不对称（S_2 闭合）	S_1 断开(无中性线)									
	S_1 闭合(有中性线)									
结论	三相负载对称时,中性线的有无对电路的影响情况： 三相负载不对称时,中性线的有无对电路的影响情况： 三相负载对称时,相电压与线电压间的大小关系是： 三相负载不对称时,相电压与线电压间的大小关系是：									

2. 三相负载三角形连接

① 按图 2-38 连接电路。

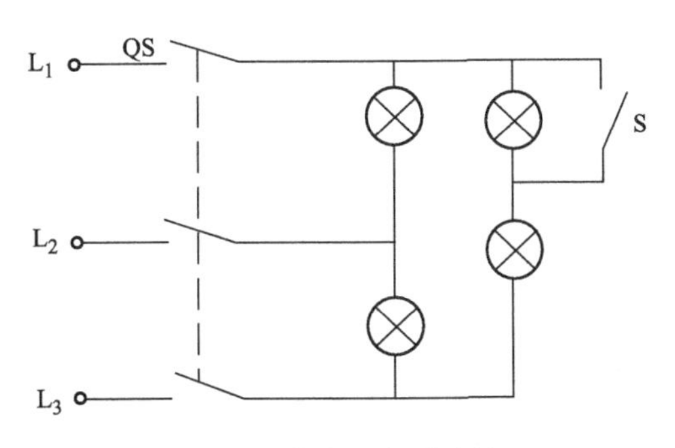

图 2-38 三相负载三角形连接（一）

② 三相负载对称时（S 闭合），用电流表测量负载的相电流及线电流；用万用表测量负载相电压。

③ 三相负载不对称时（S 断开），用电流表测量负载的相电流及线电流；用万用表测量

负载相电压。

④ 将测量结果填入表 2-6 中。

表 2-6　三相负载三角形连接测量结果

负载连接情况	相电流大小/A			线电流大小/A			相电压大小/V		
	I_{12}	I_{13}	I_{23}	I_1	I_2	I_3	U_{12}	U_{23}	U_{13}
负载对称(S 断开)									
负载不对称(S 闭合)									
结论	负载对称时，相电流与线电流间的大小关系是： 负载不对称时，相电流与线电流间的大小关系是：								

二、三相负载的概念

一个三相用电器，如三相电动机、三相电炉和三组单相用电器（如照明用的三组单相白炽灯泡），统称为三相负载。

三、三相负载的连接

1. 星形连接

若把三相负载的一端接到一起，另一端分别与三相电源的三根相线相接，称为星形连接，如图 2-39 所示。对于三相电路中的每相来说，就是一个单相电路。

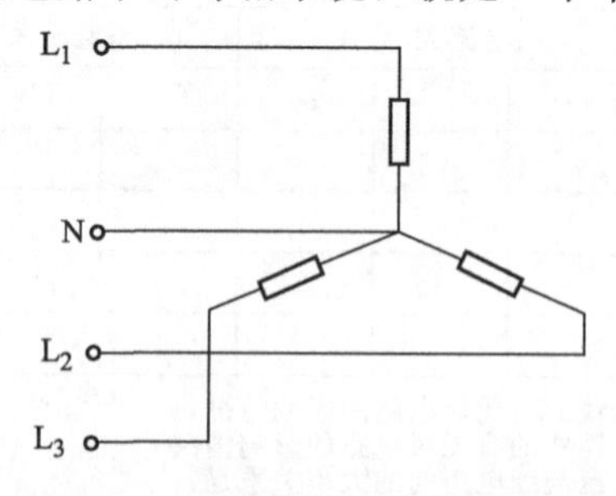

图 2-39　三相负载星形连接（二）

在三相电路中，每相负载两端的电压叫做负载的相电压，其有效值用字母 U_P 表示。流过每相负载的电流叫做相电流，其有效值用字母 I_P 表示。流过相线的电流叫做线电流，其有效值用字母 I_L 表示。

若三相负载为阻抗完全相同的负载（称三相对称负载），可以采用三相三线制供电；若三相负载不对称，则必须采用三相四线制供电，如图 2-40 所示的三组照明灯具。为保证中性线的存在，不允许在中性线上安装开关或保险丝。

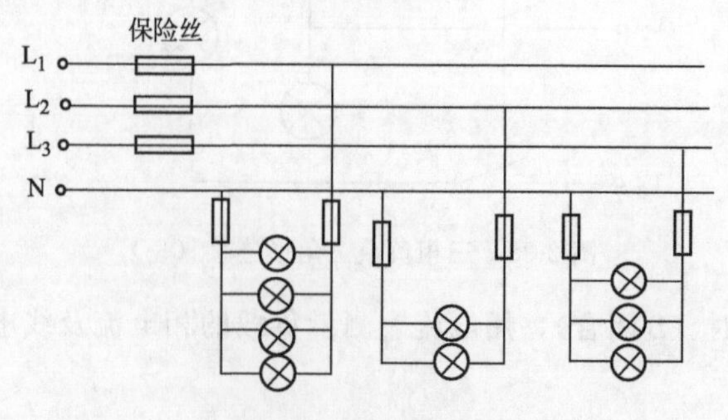

图 2-40　照明电路示意图

三相对称负载作星形连接时，线电压与相电压、线电流与相电流之间的大小关系是

$$U_L=\sqrt{3}U_P$$

$$I_L=I_P$$

想一想

对于教学楼中各教室的供电，应采用什么方式供电？在三相四线制供电系统中，为保证中性线的存在，不允许在中性线上安装开关或保险丝，那么应安装在哪里？

2. 三角形连接

把三相负载分别接在三相电源的每两根相线之间，即形成三角形接法，如图 2-41 所示。

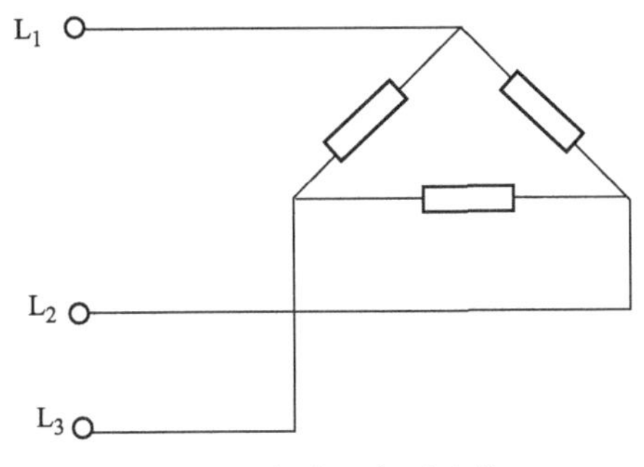

图 2-41 三相负载三角形连接（二）

三相对称负载作三角形连接时，线电压与相电压、线电流与相电流之间的大小关系是

$$U_L=U_P$$

$$I_L=\sqrt{3}I_P$$

在工厂的动力设备中，很多三相异步电动机都采用三角形连接方式。

四、三相电功率

三相电路的功率等于各相电功率之和。对于三相对称负载来说，其有功功率 P、无功功率 Q、视在功率 S 分别为

$$P=\sqrt{3}U_L I_L\cos\varphi$$

$$Q=\sqrt{3}U_L I_L\sin\varphi$$

$$S=\sqrt{3}U_L I_L$$

【例 2-7】 在三相四线制电路中接入三组白炽灯用以照明，已知各相的灯丝电阻为 $R_U=5\Omega$，$R_V=10\Omega$，$R_W=20\Omega$，电源的线电压为 380V，白炽灯的额定电压为 220V。电路如图 2-42 所示。试求：

① U 相断开，V 相和 W 相的电压、电流及工作情况；

② U 相和中性线都断开时，V 相和 W 相的电压、电流及工作情况。

解

① U 相断开，中性线存在时，V 相与 W 相的电压均不变，即

$$U_V=U_W=U_L/\sqrt{3}=220\text{V}$$

V 相和 W 相的电流为

$$I_V=\frac{U_V}{R_V}=\frac{220}{10}=22(A)$$

$$I_W=\frac{U_W}{R_W}=\frac{220}{20}=11(A)$$

U 相断开时，因中性线存在，各相电压不变，故 V 相和 W 相仍能正常工作，不受 U 相影响。

② U 相和中性线断开时，V 相和 W 相形成串联电路，接在两根端线之间，电路中的电流为

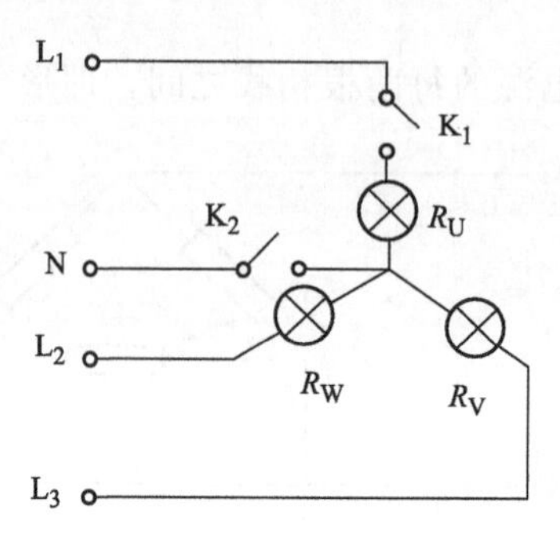

图 2-42　三相四线制电路接入三组白炽灯电路示意图

$$I=I_V=I_W=\frac{U_L}{R_V+R_W}=\frac{380}{10+20}=12.67(A)$$

V 相和 W 相各分得的电压为

$$U_V=I_VR_V=12.67\times10=127(V)$$

$$U_W=I_WR_W=12.67\times20=253(V)$$

可见，中性线断开后，各相不再彼此独立。故当 U 相断开时，W 相上的白炽灯因分压超过了额定电压烧断灯丝而损坏，致使 V 相断路而不能正常工作。

知识拓展一　钳形电流表

一、钳形电流表的结构及用途

钳形电流表，俗称卡表，早期生产的钳形电流表只用来测量交流电流，它的优点是在不断开电路，即被测电路正常运行的情况下，能方便地测出电路中的工作电流，现在生产的钳形电流表已发展到可测电流、电压、电阻等，而且不但有指针式的，还有数字式的。图 2-43 所示是指针式钳形电流表的外形与结构图。它由表头和一个二次缠绕在钳形铁芯上的电流互感器组成。钳形铁芯像把钳子可以张开，测量时将被测导线夹在钳口内，就可以在不切断负荷的情况下测出运行中的线路电流。此外，钳形电流表还可以测量零序电流，用以判断三相线路是否有断相现象或不平衡现象。

二、钳形电流表的使用方法

① 测量前应先估计被测电流的大小，选择合适的量程（可将挡位先调到最大，然后逐步向低挡位调整）。

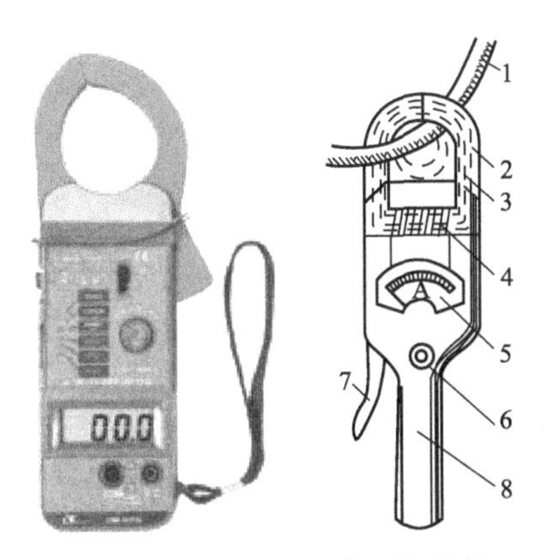

图 2-43　钳形电流表外形与结构

1—被测导线；2—活动铁芯；3—磁通；4—线圈；5—电流表；6—量程开关；7—手柄；8—表把

② 测量时，被测导线应放在钳口中央，以减少误差。测量较小电流（如 5A 以下）时，为获得较准确的读数，在条件许可时（截面等）可把导线绕几圈放在钳口内进行测量。最终测量结果应为表头测出的数值除以放进钳口内的导线根数。

③ 为使读数准确，钳口两个面应保证很好的接触，如有杂音可将钳口重合一次，如仍有杂音，应对钳口污物进行处理。

④ 测量完毕，需将量程开关放在最大挡位上，以防下次使用时损伤表。

知识拓展二　单相交流电能表

一、电能表的结构及工作原理

1. 电能表的外形

感应系单相电能表的外形如图 2-44 所示。

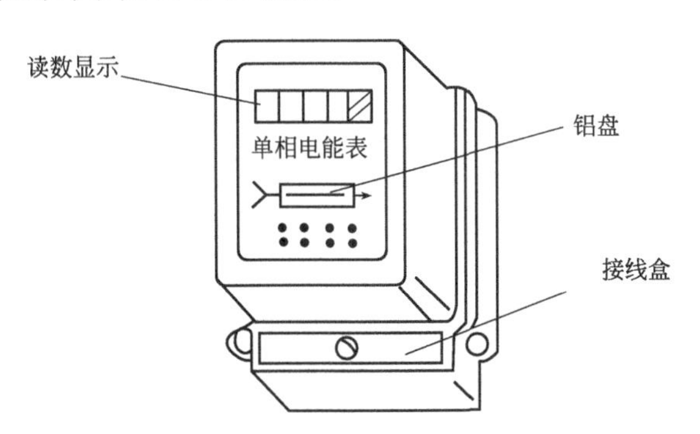

图 2-44　感应系单相电能表的外形

2. 交流电能表的结构

单相电能表主要由驱动部分、转动部分、制动部分和积算机构组成。单相电能表结构如图 2-45 所示。

(1) 驱动部分

驱动部分由电流部件和电压部件组成，用来将交变的电流和电压转变为交变的磁通，切割转盘形成转动力矩，使转盘转动。

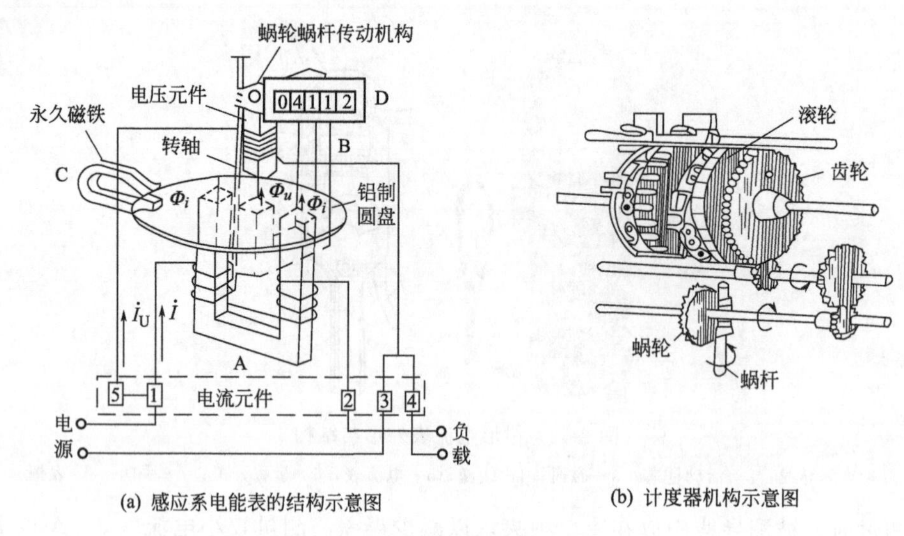

(a) 感应系电能表的结构示意图

(b) 计度器机构示意图

图 2-45　单相电能表结构示意图

（2）转动部分

转动部分由铝制圆盘和转轴等部件组成，它能在驱动部件所建立的交变磁场作用下连续转动。

（3）制动部分

制动部分由制动永久磁铁和铝盘等部件组成，其作用是在转盘转动时产生制动力矩，使转盘转速与负载的功率大小成正比，从而使电能表能反映出负载所消耗的电能。

（4）积算机构

积算机构由一套计数装置组成，用来计算电能表转盘的转数，以显示所测定的电能。

以上的四个部分称为一套电磁系统。单相电能表具有一套电磁系统，又叫单元件电能表。

三相交流电能表的结构与单相交流电能表相似，它是把两套或三套单相电能表机构套在同一个轴上组成，只用一个积算机构。由两套组成的称两元件电能表，由三套组成的称三元件电能表，前者用于三相三线制电路，后者用于三相三线制及三相四线制电路。

3. 电能表的工作原理

电能表是根据电磁感应原理工作的。当交流电流通过电能表的电流线圈和电压线圈时，在线圈中会产生交变磁通，该磁通穿过铝盘时，在铝盘上产生涡流，而这些涡流又与交变磁通相互作用产生电磁力矩，驱动铝盘转动。同时，转动的铝盘又在制动磁铁的磁场中，也会在铝盘中产生涡流，制动磁铁的磁场与这个涡流相互作用，从而产生制动力矩，制动力矩的大小与铝盘的转速成正比。当转动力矩与制动力矩平衡时，铝盘以稳定的速度转动。其转速与被测负载的功率的大小成正比，根据其转速的大小即可测量出负载所消耗的电能。

二、电能表的使用

1. 电能表的读数

使用电能表计算用户消耗的电能时，应将用户这一次电能表的读数减去上一次电能表的读数，差值即为在这一段时间内用户消耗的电能。

2. 电能表的选择

(1) 电能表类型的选择

根据任务要求，适当选择电能表的类型。单相用电时（一般家庭为此种用电），选用单相电能表；三相用电时选用三相四线、三相三线电能表，除成套配电设备外，一般不采用三相三线制电能表。

(2) 电能表额定电压、额定电流的选择

电能表铭牌上都标有额定电压和额定电流，使用时，要根据负载的最大电流、额定电压以及要求测量的准确度选择电能表的型号。应使电能表的额定电压与负载的额定电压相符；而电能表的额定电流应大于或等于负载的最大电流。

3. 电能表使用注意事项

① 接线前，检查电能表的型号、规格，应与负荷的额定参数相适应；检查电能表的外观，应完好。

② 根据给定的单相电能表测定或核实其接线端子。具体做法是：用万用表的 $R\times100$ 或 $R\times1k$ 挡，测定哪两个端子接同一个线圈，且测出该线圈的电阻值；根据电阻值的大小，区分出电压线圈和电流线圈。电压线圈导线细，匝数多，电阻大，一般额定电压 220V 的电能表的电压线圈的直流电阻约为 800～1200Ω。电流线圈导线粗，匝数少，电阻小，一般万用表指示为 0Ω。

③ 与电能表连接的导线必须使用铜芯绝缘导线，导线的截面积应能满足导线的安全载流量及机械强度的要求。

④ 电能表的电压连片（电压小钩）必须连接牢固。

⑤ 在低压大电流线路中测量电能，电能表需通过电流互感器将电流变小后接入。

4. 电能的测量

单相有功电能的测量用单相电能表进行测量。当线路电流不大时，单相电能表可直接接入电路测量。其接线图如图 4-46 所示。

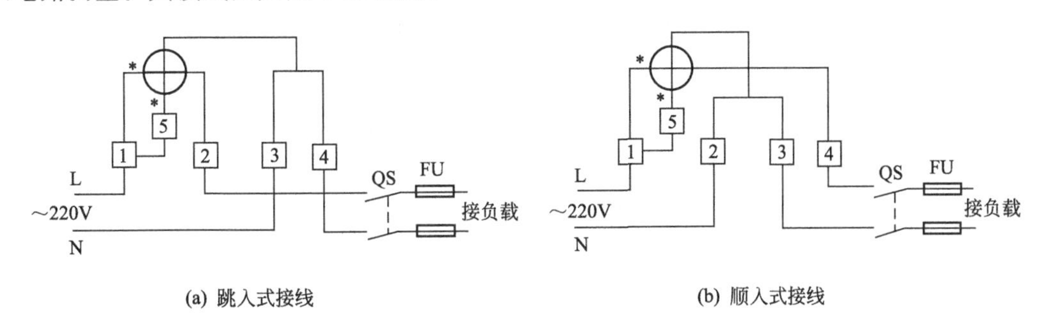

图 4-46 单相电能表接线图

在对称的三相四线制系统中，若三相负载对称，则可用一只电能表测量任一相电能，然后乘以 3 即得三相总电能。若三相负载不对称，测量方法有两种：一种是利用三个电能表分别接于三相电路中，然后将这三个电能表的读数相加即得三相总电能；另一种是利用三相电能表直接接入电路测量，电能表的读数就是三相总电能。

三、单相电能表简单故障的排除

电能表是为家用电器及照明灯具计量消耗电能的专用仪表，一般均安装在住宅内。由于电能表长期受环境影响及超负荷运行，也会出现各种故障，如计量偏差、铝盘卡死、走字时快时慢、运行时有噪声等。其实，在日常使用中若出现一些小问题完全可以自行解决，当然，如涉及表内结构问题，切莫自行启封拆卸，应及时通知电力部门检修处理。这里就电能表日常出现的一些小故障作简单分析，并介绍自行解决的方法。

(1) 故障 1 接线盒内出现烧焦煳味

表盘下端的胶木接线盒内产生烧焦煳味，主要有两方面的原因。一是在安装或更换电路导线时，盒内的固定螺钉未拧紧，当电器用电负荷增大时，螺柱因接触不良发热，烧坏胶木盒并伴有焦煳味。解决的方法很简单，取下胶木接线盒盖后拉下总闸刀，将电源导线全部拆下，重新用刀将线头残留物刮干净，装入接线柱内，拧紧全部螺钉即可以排除故障。另一种原因是，从室内接到电能表上的导线质量差，引起铜柱与导线间产生氧化层（特别是安装在环境潮湿、不通风处的电能表容易产生此类问题），从而增大电阻值，使接触点发热而损坏接线盒。这时应彻底清除接线盒内的油污及更换导线。有时当用电设备超过电能表实际安培值时，不仅接线盒会损坏，电能表也有可能被强电流击毁，所以当发现表的额定电流与实际所用的电器的负荷相差很大时，应错开使用时间或更换电能表，以防电能表被击毁或发生电气火灾。

(2) 故障 2 空载时自行转动

电能表在空载时会自行转动，即住宅内的所有用电设备及照明灯具都未使用，而表的铝盘仍在转动或慢慢爬行。一般来说，当电源电压为额定值的 80%～110%时，电能表铝盘的转动不超过一圈属于正常范围（即转盘顺时针方向转动一圈），但若铝盘微微转动不止，则说明电能表线路有漏电存在，应及时检查处理。如果没有漏电存在，那就是电能表自身的故障，应及时送电力部门检修或换新表。

(3) 故障 3 运行时产生“吱吱”响声

电能表在运行时，有轻微的“嗡嗡”声，属于正常现象。但如果表内产生不规则的杂乱响声，如“吱吱”声，则是表内部的某些配件老化、电磁场部分元件松动，或转动齿轮缺油等原因所引起。应送电力部门检验并更换易损配件。有时，当电能表处于严重超负荷运行时，也会产生不规则的响声，应及时关闭部分电源，以防损坏电能表。

(4) 故障 4 铝盘停转或不跳字

电能表是一种精密计量仪表，它在出厂前都是经过严格校验的，其灵敏度和可靠性、稳定性应达到一定的标准。当负荷电流小于 0.025A 时，电能表铝盘不转动、不跳字属正常范围，如果在较大负荷时仍不转动，很可能是铝盘被卡住、铝盘已变形或电磁机构失灵等问题，应及时送检。

(5) 故障 5 走字不准

平时，如果怀疑电能表走字不准，可以采用以下方法加以测试。一般在电能表的标牌上均标注着每耗电 1 度铝盘转动多少圈，如标注 3000 转/kW·h 的字样，便知道该表每耗用 1 度电铝盘转动 3000 圈。如果连续点一盏 100W 的灯泡每小时耗电 0.1 度，便知铝盘应该转动300圈，那么平均每分钟铝盘应转5圈左右，经过这样简单测试便知道电能表走字是否正常，当测试结果与实际误差很大时，应怀疑电能表有问题。

做做练练

一、填空题

1. 由三个______、______、初相依次相差______的正弦交流电源按一定方式连接而成的供电系统，称为三相对称交流电源。

2. 我国的供电方式是______，民用电压是______ V，工业用电的电压是______ V。

3. 三相负载连接方式有______与______。

4. 一般三相电源可以用颜色来表示，U相的颜色是______，V相的颜色是________，W相的颜色是______。

5. 三相对称负载作星形连接时，线电流与相电流的关系是__________；线电压与相电压的关系是__________。

6. 三相对称负载作三角形连接时，线电流与相电流的关系是__________；线电压与相电压的关系是__________。

7. 中性线上不允许安装________和________。

8. 我国交流电的频率为______ Hz，周期为______ s。

二、判断题

1. (　　) 中性线又可以叫做地线。

2. (　　) 三相对称负载作星形连接时，可以省去中性线。

3. (　　) 在三相交流电路中，三相负载有△和Y两种接法。

4. (　　) 电源设备的容量是用视在功率表示的。

5. (　　) 两根相线之间的电压称为相电压。

6. (　　) 三相负载的相电流是指电源相线上的电流。

7. (　　) 在对称负载的三相交流电路中，中性线上的电流为零。

三、计算题

1. 作星形连接的三相对称负载，每相负载的电阻为10Ω，感抗$X_L=15\Omega$，电源线电压为380V，求负载的相电流、线电流和三相有功功率。

2. 作三角形连接的三相对称负载，每相负载的相电压为220V，每相负载的电阻为6Ω，感抗为8Ω，电源的线电压为220V，求相电流、线电流和三相总的有功功率。

3. 三相对称负载连成三角形接在$U=380$V的电源上，已知每相负载的电阻$R=30\Omega$，感抗$X_L=40\Omega$，试求I_P、I_L、P、Q、S的值。

4. 在图2-47所示的电路中，负载为三相对称负载，电压表V_2的读数为380V，则电压表V_1的读数为多少？

5. 在图2-48所示的电路中，负载为三相对称负载，电流表A_1的读数为17A，则A_2的读数为多少？

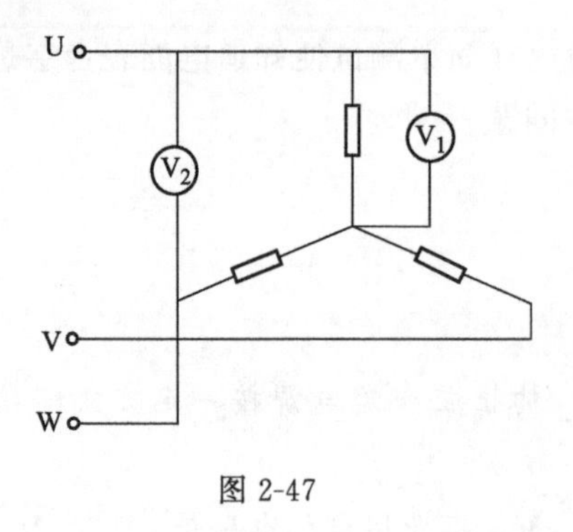

图 2-47

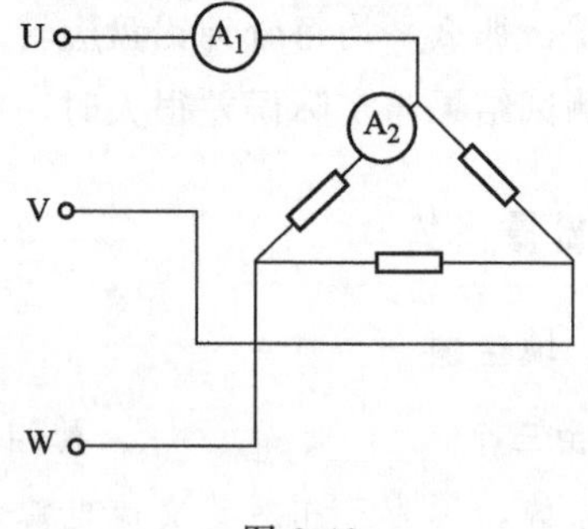

图 2-48

6. 在线电压为380V的三相三线制供电系统中，接入一星形连接的三相电阻负载，已知$R_U=R_V=R_W=500\Omega$，求各电阻两端的电压和通过的电流各为多少？若一相断开，各电阻两端的电压和电流又为多少？

四、问答题

1. 三相照明负载按星形连接时，为什么要有中性线？

2. 按星形连接的三相负载，在什么情况下可以不要中性线？

重要提示

1. 正弦交流电是指大小和方向都随时间按正弦规律变化的电流、电压、电动势的总称。

2. 最大值、角频率和初相位为正弦交流电的三要素。

3. 纯电阻元件上的电压与电流的相位相同，电压与电流之间的关系为$U_R=IR$。

4. 纯电感元件上的电流落后于电压90°，电压与电流之间的关系$U_L=IX_L$。

5. 纯电容元件上的电压落后于电流90°，电压与电流之间的关系$U_C=IX_C$。

6. 电阻元件消耗的功率称为有功功率，用P来表示，单位为W，$P=U_RI=I^2R=\frac{U_R^2}{R}$；电感线圈与电源间能量转换用无功功率$Q_L$来反映，单位是var，$Q_L=U_LI=I^2X_L=\frac{U_L^2}{X_L}$；电容器与电源间能量转换用无功功率$Q_C$来反映，单位是var，$Q_C=U_CI=I^2X_C=\frac{U_C^2}{X_C}$。电源提供的总功率称为视在功率，用字母$S$表示。视在功率$S$的单位是V·A，$S=UI$。有功功率$P$、无功功率$Q$、视在功率$S$三者之间关系是$S=\sqrt{P^2+Q^2}$。

7. 日光灯电路由灯管、镇流器、启辉器等组成，是一个电阻R和电感L串联的电路。RL串联电路的总阻抗$Z=\sqrt{R^2+X_L^2}$，总电压$U=\sqrt{U_R^2+U_L^2}$，总电流$I=\frac{U}{Z}$。

8. 功率因数是有功功率P和视在功率S的比值，用$\cos\varphi$表示，$\cos\varphi=\frac{P}{S}$。感性负载两端并联电容器可以提高功率因数。

9. 由三个频率相同、振幅相同、初相位依次相差120°的正弦交流电源按一定方式连接而成的供电系统，称为三相对称交流电源。

10. 三相对称负载按星形连接时，线电压与相电压、线电流与相电流之间的大小关系是$U_L=\sqrt{3}U_P$，$I_L=I_P$。

11. 三相对称负载按三角形连接时，线电压与相电压、线电流与相电流之间的大小关系是$U_L=U_P$，$I_L=\sqrt{3}I_P$。

12. 三相电路的有功功率P、无功功率Q、视在功率S分别为$P=\sqrt{3}U_LI_L\cos\varphi$，$Q=\sqrt{3}U_LI_L\sin\varphi$，$S=\sqrt{3}U_LI_L$。

常用电气设备

项目一 磁场与电磁感应

电与磁之间存在着内在联系而不可分割，几乎所有电气设备的工作原理都与电和磁紧密相关。

相关知识点： 电流的磁场 电磁感应 自感与互感

知识一 磁 场

一、简单的磁现象

1. 磁体

铁矿石（Fe_3O_4）能吸引铁、钴、镍等物质，这种矿石叫做天然磁铁。物体能吸引铁、钴、镍等物质的性质，叫做磁性。具有磁性的物体叫做磁体。能够长期保持磁性的磁体叫做永磁体。永磁体有天然磁体和人造磁体两种。人造磁体通常是用钢或某些合金制成的，有条形、针形、蹄形等形状，如图 3-1 所示。

2. 磁极

磁体两端的磁性最强，中间最弱，如图 3-2 所示。磁体上磁性最强的部分叫做磁极。每个磁体都有两个磁极。两个磁极的极性分别为 N 极和 S 极。

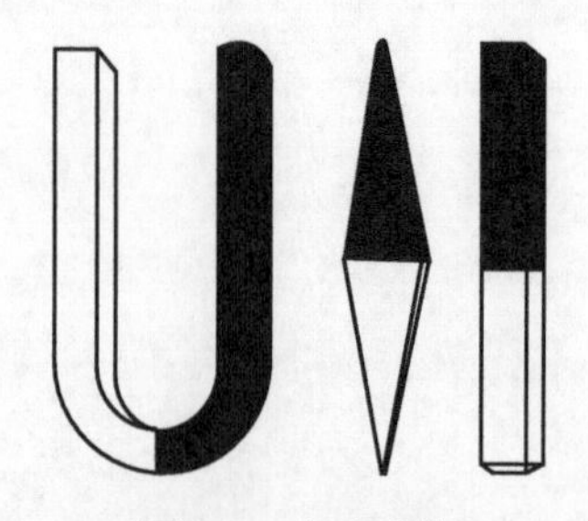

图 3-1 人造磁体

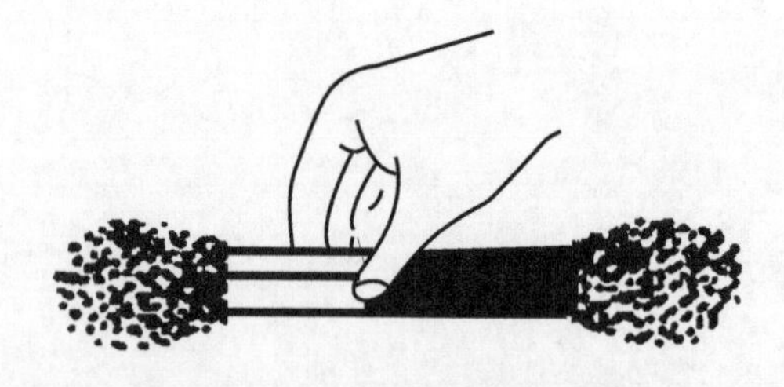

图 3-2 磁极

磁极间存在着相互作用力——磁力。同性磁极相互排斥，异性磁极相互吸引。

3. 磁化

原来没有磁性的铁棒，靠近磁铁时，在磁铁的作用下能获得磁性，如图 3-3 所示。这种

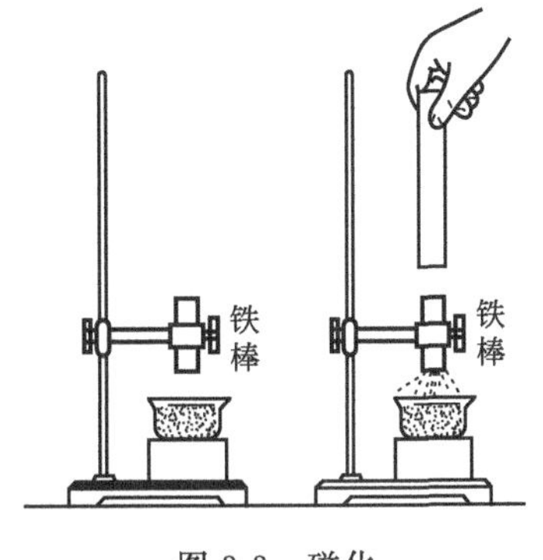

图 3-3　磁化

使原来没有磁性的物体得到磁性的过程叫做磁化。

二、磁场和磁感线

磁体周围空间存在着磁场，磁体间的相互作用是通过磁场发生的。磁场的方向可以用磁感线表示。所谓磁感线，就是在磁场中画出的一些曲线，曲线上每一点的切线方向就是该点的磁场方向。

铁屑在磁场中被磁化，其磁感线的形状如图 3-4 和图 3-5 所示。图 3-4 是条形磁铁的磁感线，图 3-5 是马蹄形磁铁的磁感线。磁铁周围的磁感线，从磁铁的 N 极出来，回到磁铁的 S 极。

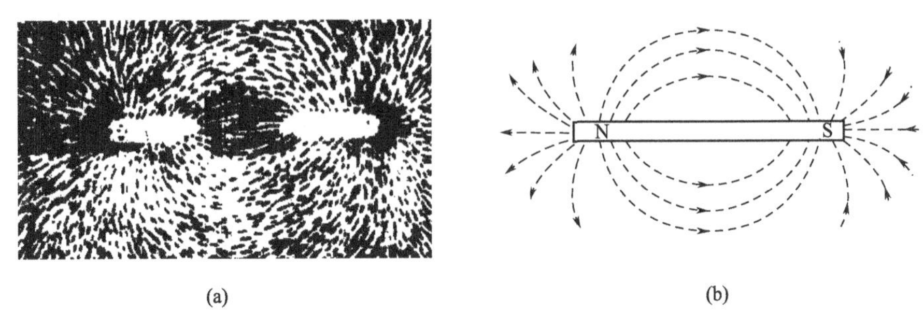

图 3-4　条形磁铁磁感线

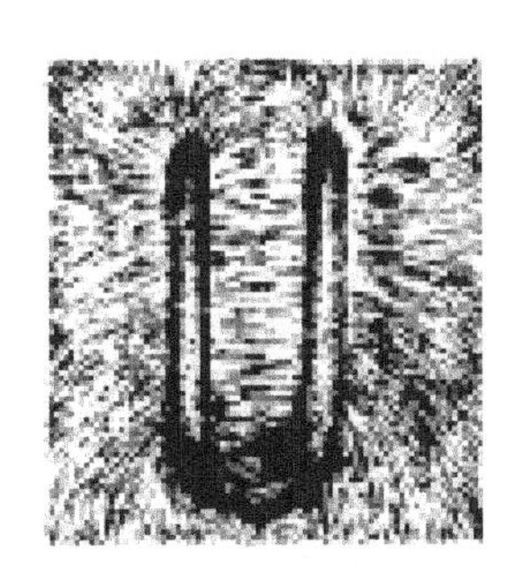

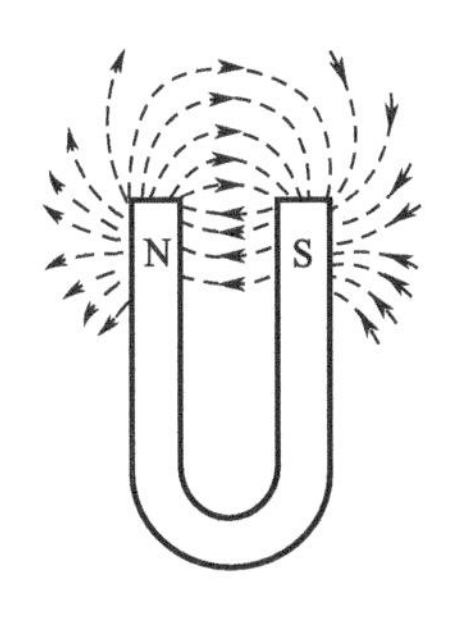

图 3-5　马蹄形磁铁磁感线

三、电流的磁场

一个小磁针放在通电导线旁，小磁针就会转动，见图 3-6；在铁钉上绕上漆包线，通上电流后，铁钉能吸住小铁钉，见图 3-7。这些都说明，不仅磁体能产生磁场，电流也能产生

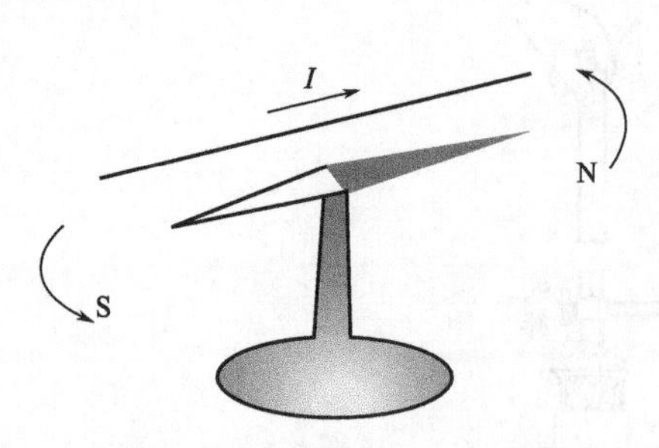

图 3-6 电流的磁场使小磁针转动

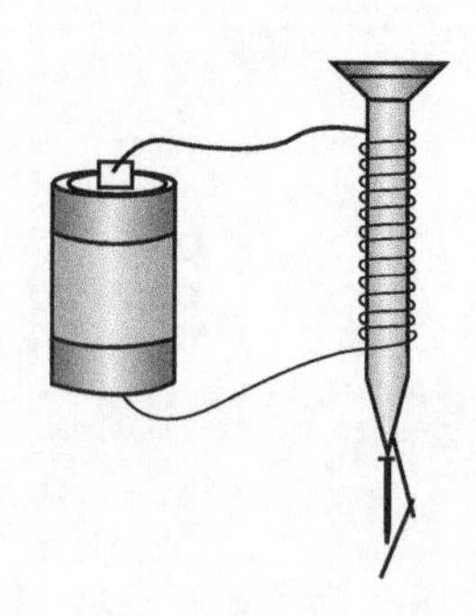
图 3-7 电流的磁场使铁钉吸住小铁钉

磁场。电流越大，则其周围空间的磁场越强。

判断通电导线周围磁感线绕行方向的方法，可用右手螺旋定则。

1. 直电流的磁场

握住直导线，让大拇指指示电流方向，成握状的四个手指指示的是磁感线的绕行方向。如图 3-8 所示。

2. 环形电流的磁场

让成握状的四个手指指示环形电流的方向，大拇指所指示的是环内磁感线的方向。如图 3-9所示。

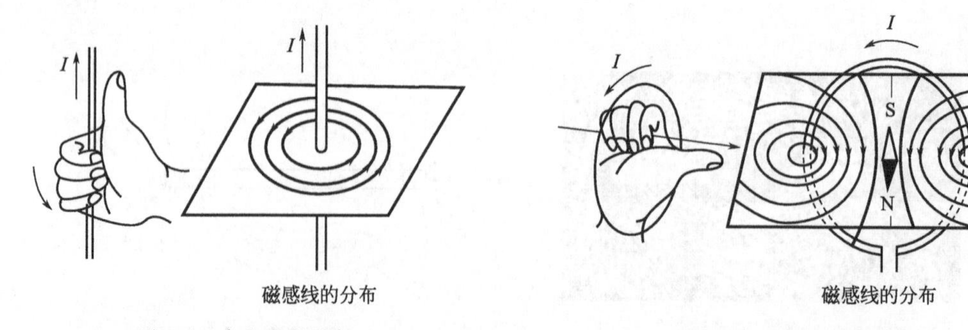

图 3-8 直电流的磁场　　　图 3-9 环形电流的磁场

3. 螺线管电流的磁场

让成握状的四个手指指示螺线管电流的方向，大拇指所指示的是螺线管内磁感线的方向。如图 3-10 所示。

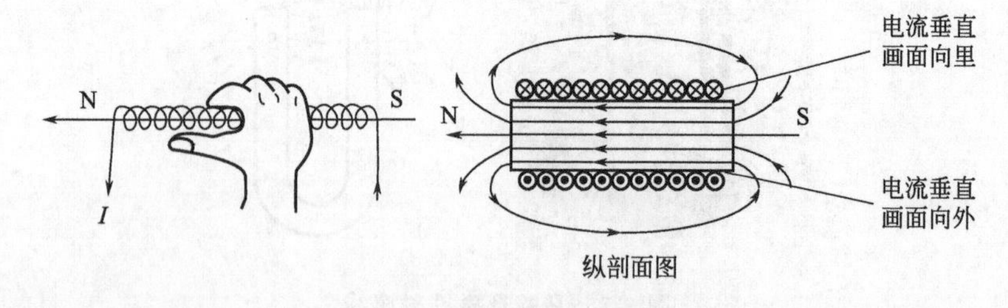

图 3-10 螺线管电流的磁场

四、磁通与磁感强度

1. 磁通

穿过某一面积的磁感线数目，叫做通过该面积的磁通量，简称磁通，用 Φ 表示，单位为 Wb（韦伯）。当磁极插向线圈时，线圈中的磁通增大；当磁极拔离线圈时，线圈中的磁通减少。如图 3-11 所示。

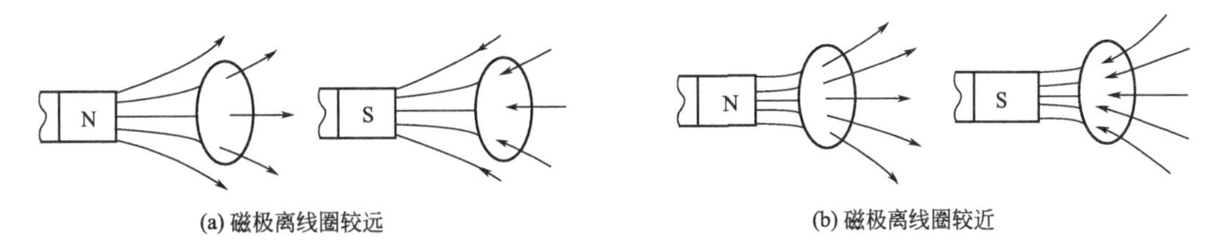

图 3-11 磁通的变化

2. 磁感强度

磁场中各点的磁感强度的大小，等于通过在该点的、与磁感线垂直的单位面积上的磁通，即

$$B=\frac{\Phi}{A}$$

磁感强度 B 的单位为 T（特斯拉）。B 为常数时，表示匀强磁场，其磁感线是互相平行的同向直线，且疏密均匀。

知识二 电磁感应

一、磁场对电流的作用力

1. 安培力

磁场对磁场中通电导线的作用力通常叫做安培力，用 F 表示。在匀强磁场中当电流方向与磁场强度方向垂直时，安培力的表达式为

$$F=BIL \text{ (N)}$$

式中 B——磁场强度，T；

I——流过磁场中导线的电流大小，A；

L——导线在磁场中的长度，m。

当磁场方向与电流方向平行时，磁场对通电导线没有力的作用。

2. 左手定则

安培力的方向可以用左手定则来判断，方法如图 3-12 所示。其中手心对着 N 极，四指指向电流方向，则大拇指所指的方向就是安培力方向。

二、电磁感应

1. 电磁感应现象

穿过闭合回路中的磁通量发生变化时，闭合回路中就产生了电流，这种现象叫做电磁感应，而产生的电流叫做感应电流。

图 3-13 中，当磁铁插入或拔出线圈时，由于线圈的磁通改变了，灵敏电流计指针就会发生偏转。

图 3-14 中，钢梁结构检测仪使用时套在钢梁上，G 线圈通电后，仪器移到结构不均匀

的地方时，G 的磁场强弱发生变化，H 中的磁通也跟着变化，灵敏电流计指针就会摆动。

在图 3-15 中，线圈在磁场中转动时，线圈中的磁通不断改变，线圈中就不断地有感应电流产生，这正是发电机的工作原理。

感应电流的方向可以用右手定则来判断，方法如图 3-16 中所示。其中，手心对着 N 极，四指指向感应电流方向，则大拇指所指的方向就是导体运动的方向。

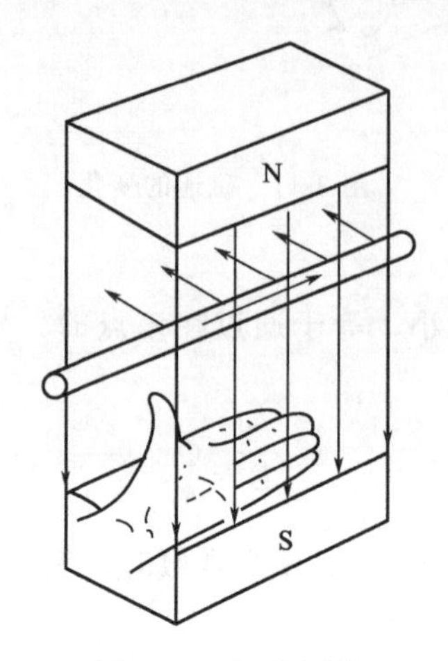

图 3-12　左手定则

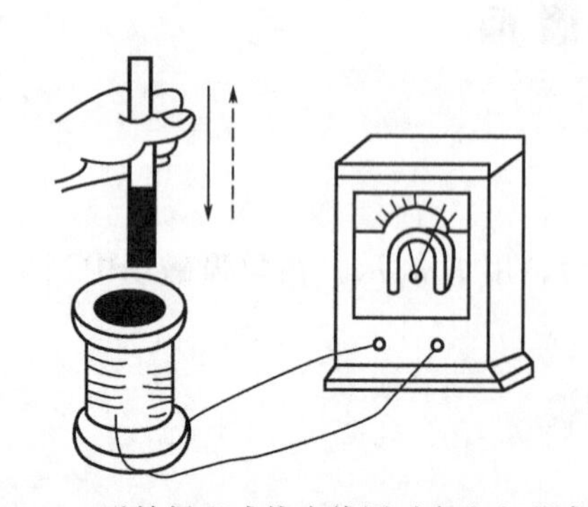

图 3-13　磁铁插入或拔出线圈时产生电磁感应

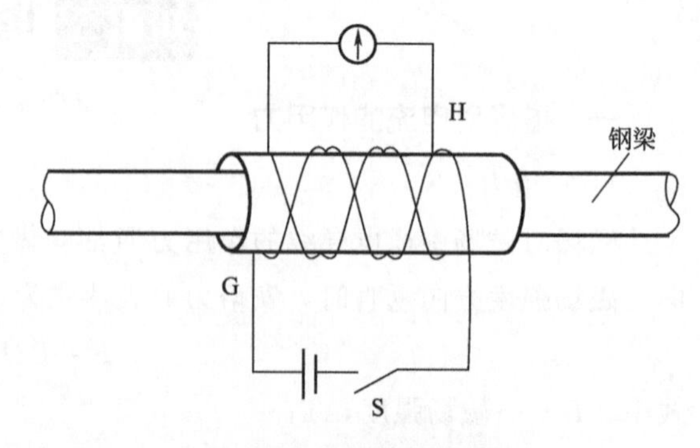

图 3-14　钢梁结构检测仪

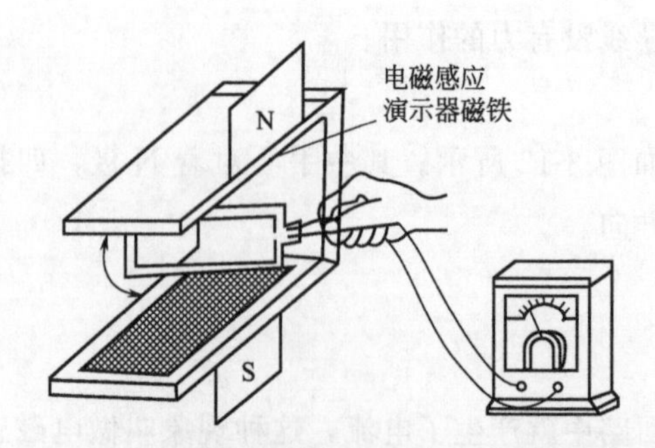

图 3-15　线圈在磁场中转动时产生感应电流

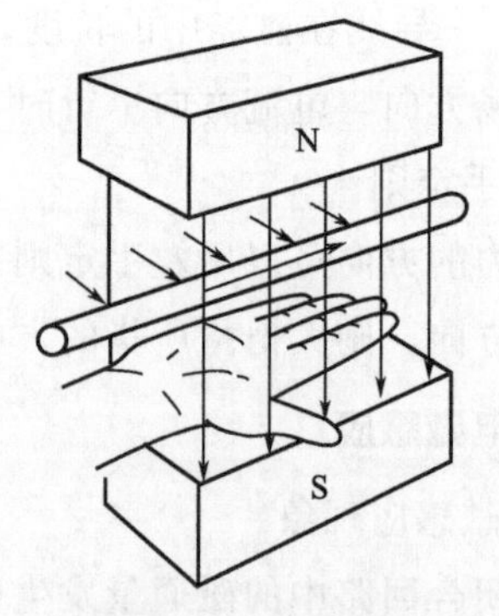

图 3-16　右手定则

2. 电磁感应定律

闭合回路中有了感应电流，表明回路中有电动势存在，这个电动势叫做感应电动势。感应电动势的方向与感应电流的方向是一致的。

感应电动势的大小为

$$E=N\frac{\Delta\Phi}{\Delta t}$$

式中，N 为线圈的匝数。

3. 自感与互感

线圈由于本身的电流发生变化而产生感应电动势的现象叫自感。自感电动势的方向是：当电流增大时，自感电动势与线圈中原来的电流反向；当电流减少时，自感电动势与线圈中原来的电流同向。

线圈中的电流发生变化，而使附近的另一个线圈产生感应电动势的现象叫互感。

议一议

1. 为什么一些钞票或邮票上含有特殊的磁化油墨？
2. 发电机如何把机械能转变为电能？
3. 饭卡为什么能存储每个人的信息？

项目二 变 压 器

电能在远距离输送中会在线路上产生损耗，因此发电站都要采用高压输电，如 220～500kV。可是，生活中所使用的电压为 220V，那么用什么办法就可将如此高的电压变成低压呢？通过变压器就可实现。学习中所使用的复读机和电视机的电源插头为什么是不一样的？那是因为复读机的插头装置中有变压器。

变压器在生产和生活中无处不有，你想知道变压器吗？现在就去了解它吧！

相关知识点：变压器的结构 工作原理及损耗 几种常见变压器

知识一 变压器的结构、工作原理及损耗

一、变压器的结构及符号

1. 变压器的外形

变压器的外形见图 3-17。

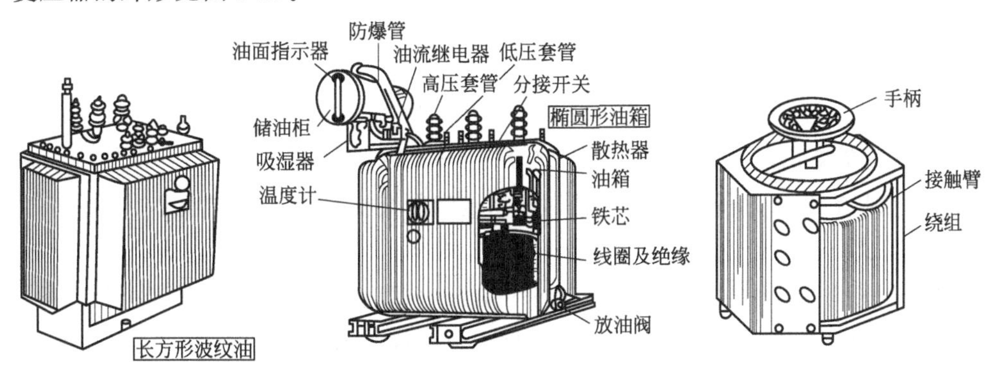

图 3-17 变压器外形

2. 变压器的结构及符号

变压器的基本结构是由硅钢片叠成的铁芯与套装在其上的绕组所组成，如图 3-18 所示。

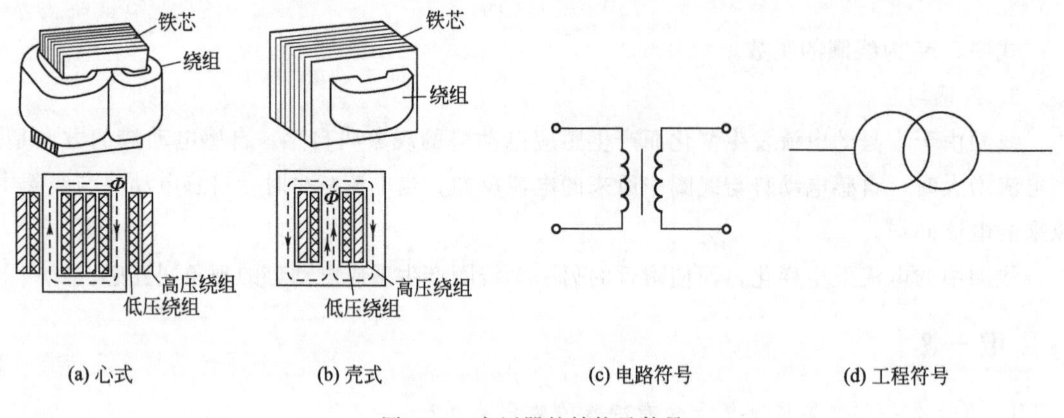

图 3-18　变压器的结构及符号

(1) 铁芯

变压器铁芯的作用是构成磁路。为了减少涡流和磁滞损耗，铁芯用具有绝缘层的0.35～0.55mm 厚的硅钢片叠成。在一些小型变压器中，也有采用铁氧体或坡莫合金代替硅钢片的。

变压器的铁芯一般分为心式和壳式两大类。心式变压器在两侧铁芯柱上放置线圈（即绕组包围铁芯），见图 3-18 (a)。壳式变压器在中间铁芯柱上放置线圈（即铁芯包围绕组），见图 3-18(b)。

(2) 线圈

线圈又称为绕组，是变压器的电路部分。一般小容量的变压器绕组采用高强度漆包线绕制，大容量的变压器绕组可用绝缘铜线或铝线绕制。

接电源的绕组称为原绕组（或初级绕组、一次绕组），接负载的绕组称为副绕组（或次级绕组、二次绕组）。

变压器在工作时铁芯和线圈都要发热。小容量的变压器采用自冷式，即将其放置在空气中自然冷却。中容量电力变压器采用油冷式，即将其放置在有散热管的油箱中。大容量的变压器还要用油泵使冷却液在油箱与散热管中作强制循环。

二、变压器的工作原理

1. 电压变换

在图 3-19 所示变压器中，规定一次侧的电压、电流、功率和匝数分别为 U_1、I_1、P_1 和 N_1；二次侧的电压、电流、功率和匝数分别 U_2、I_2、P_2 和 N_2。当一次侧绕组接上交流电源时，在交流电源 u_1 的作用下，流过一次绕组的交变电流 i_1，在铁芯中产生交变磁通 Φ，沿铁芯形成闭合回路。磁通 Φ 同时也穿过二次绕组。根据电磁感应定律，在一次绕组中产生感应电动势 e_1 的同时，在二次绕组中也产生感应电动势 e_2，则二次绕组两端就有同频率的交流电压 u_2 产生。如果二次绕组接有负载构成闭合回路，就有感应电流 i_2 流过负载。

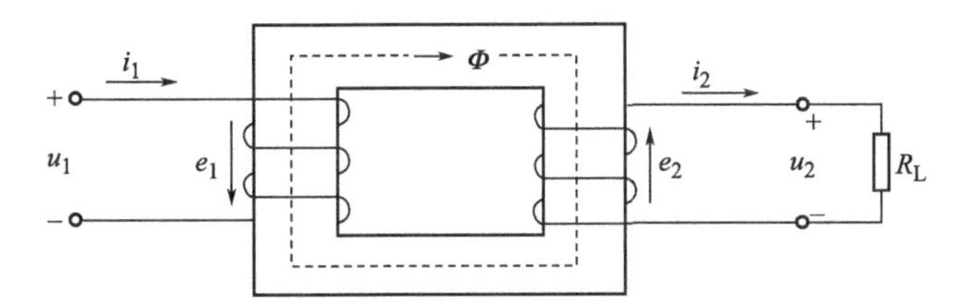

图 3-19　变压器的工作原理

假设变压器空载，$i_2=0$，则

$$\frac{U_1}{U_2}=\frac{E_1}{E_2}=\frac{N_1}{N_2}=K$$

式中　E_1——一次绕组感应电动势 e_1 的有效值；

E_2——二次绕组感应电动势 e_2 的有效值；

K——变压器的匝数比，又称为变压器的变比。

上式表明一次与二次绕组中的端电压之比等于绕组的匝数之比。

当 $N_1>N_2$ 时，$U_1>U_2$，$K>1$，变压器使电压降低，称为降压变压器。

当 $N_1<N_2$ 时，$U_1<U_2$，$K<1$，变压器使电压升高，称为升压变压器。

当 $N_1=N_2$ 时，$U_1=N_2$，$K=1$，变压器并不改变电压，但它可以将用电器与电网隔离开来，所以称为隔离变压器。

想一想

若要制作一个 220/110V 的小型变压器，能否在一次侧绕 2 匝线圈，在二次侧绕 1 匝线圈？

2. 电流变换

变压器在工作过程中，无论变换后的电压是升高还是降低，电能都不会改变。根据能量守恒定律，变压器从电源中获得的功率 P_1 与变压器输出的功率 P_2 应相等。当变压器只有一个二次绕组时，应有 $U_1I_1=U_2I_2$，因而可以得到

$$\frac{I_1}{I_2}\approx\frac{N_2}{N_1}=\frac{1}{K}$$

上式表明一次与二次绕组中的电流之比等于它们的匝数比的倒数。匝数较多的高压侧绕组中的电流较小，匝数较少的低压侧绕组中的电流较大。

想一想

变压器的一次与二次绕组，若一组用较粗的导线绕制，另一组用较细的导线绕制，哪一组是高压绕组，哪一组是低压绕组？

3. 阻抗变换

变压器能变换阻抗，即实现负载阻抗的匹配。在图 3-20 中，二次绕组接入阻抗值为 Z_2 的负载，从一次绕组看进去等效阻抗值为 Z_1，经推导可得

$$Z_1=K^2Z_2$$

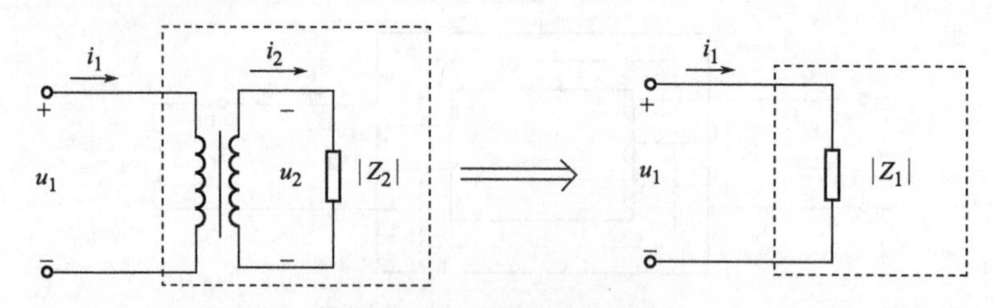

图 3-20　阻抗变换等效图

变压器的变换阻抗特性常用在电子电路中的阻抗匹配。例如多媒体课室里的扬声器，其阻抗只有几欧姆或十几欧姆，而广播站里的放大器要求负载的阻抗值一般为几千欧姆，用变压器可以完全实现阻抗匹配的任务。

三、变压器的损耗及效率

1. 变压器的损耗

变压器主要有两部分功率损耗，即铁损耗和铜损耗。

变压器铁芯中的磁滞损耗和涡流损耗称为铁损耗。当外加电压一定时，工作磁通一定，铁损耗是不变的，也称为固定损耗。

变压器绕组有电阻，电流通过绕组时的功率损耗称为铜损耗。铜损耗的大小随通过绕组中的电流变化而变化，也称为可变损耗。

2. 变压器的效率

变压器的输出功率与输入功率之比称为变压器的效率。变压器的效率常用下式确定：

$$\eta=\frac{P_2}{P_1}=\frac{P_2}{(P_2+\Delta p_{\mathrm{Fe}}+\Delta p_{\mathrm{Cu}})}$$

式中，P_1 为变压器的输入功率；P_2 为变压器的输出功率。

变压器的效率比较高，一般供电变压器的效率都在95%左右，大型变压器的效率可达99%以上。同一台变压器处于不同负载时的效率也不同。一般在50%～75%额定负载时效率最高。

【例 3-1】 图 3-21 为一台电源变压器，一次侧额定电压 $U_{1N}=220V$，匝数 $N_1=550$ 匝，它有两个二次绕组，一个电压 $U_{2N}=36V$，负载功率 $P_2=180W$，另一个电压 $U'_{2N}=110V$，负载功率 $P'_2=550W$。求：

① 两个二次绕组的匝数 N_2 和 N'_2；

② 一次侧电流 I_1 的大小。

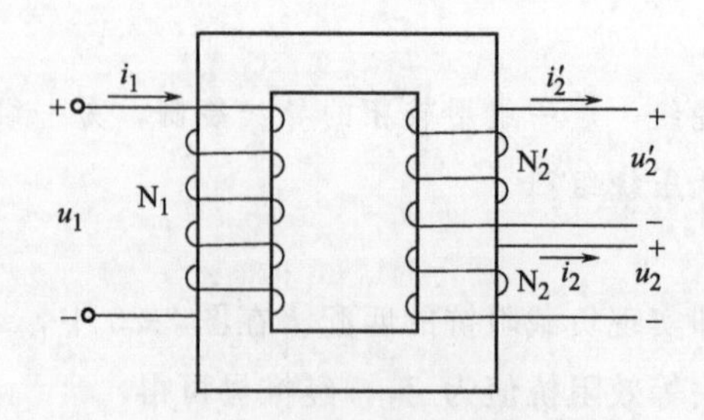

图 3-21　电源变压器示意图

【解】 ① 由$\frac{N_1}{N_2}=\frac{U_{1N}}{U_{2N}}$得

$$N_2=\frac{U_{2N}}{U_{1N}}N_1=\frac{36}{220}\times 550=90\text{ 匝}$$

由$\frac{N_1}{N_2'}=\frac{U_{1N}}{U_{2N}'}$得

$$N_2'=\frac{U_{2N}'}{U_{1N}}N_1=\frac{110}{220}\times 550=275\text{ 匝}$$

② $P_1=P_2+P_2'=180+550=730$（W）

$$I_1=\frac{P_1}{U_{1N}}=\frac{730}{220}=3.32\text{（A）}$$

议一议

变压器能否变换直流电压？

知识二 几种常见的变压器

一、电力变压器

电力系统一般均采用三线制，所以电力变压器均系三相变压器。

三相变压器的工作原理与单相变压器相同。图 3-22 为三相变压器的外形与结构。其中，各相高压绕组分别用 U_1U_2、V_1V_2、W_1W_2 表示；各相低压绕组分别用 u_1u_2、v_1v_2、w_1w_2 表示。根据电力网的线电压及一次绕组额定电压的大小，可以将一次绕组分别接成星形（Y）或三角形（△）；根据供电的需要，二次绕组也可以接成三相四线制星形（Y）或三角形（△）。

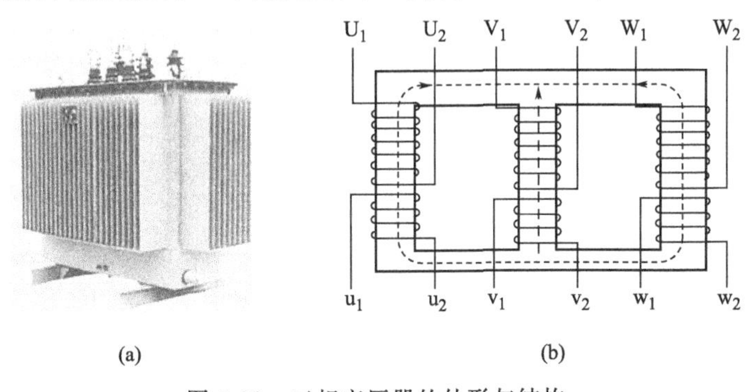

图 3-22 三相变压器的外形与结构

二、自耦变压器

在普通的变压器中，一次、二次绕组之间仅有磁耦合，而无直接电的联系。而自耦变压器中，一次、二次绕组共用一部分绕组，它们之间不仅有磁耦合，还有电的联系，其外形和原理图如图 3-23 所示。

设原绕组匝数为 N_1，副绕组匝数为 N_2，则一次、二次绕组电压之比和电流之比与普通变压器相同，即

$$\frac{U_1}{U_2}=\frac{I_2}{I_1}=\frac{N_1}{N_2}=K$$

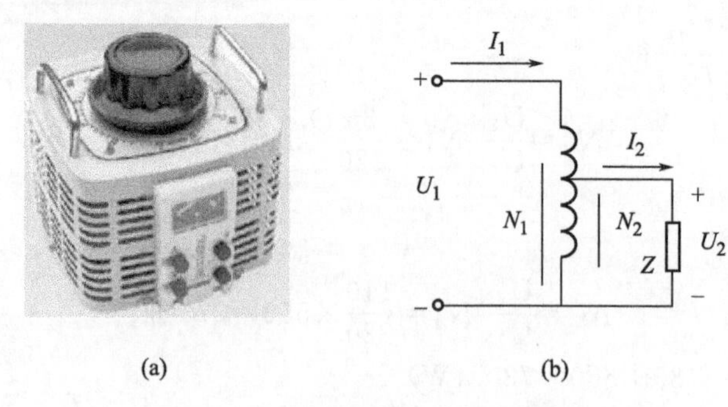

图 3-23　自耦变压器的外形和原理图

自耦变压器的优点是结构简单、节省材料、体积小、成本低，但因原、副绕组之间有电联系，使用时一定要注意安全，正确接线。

自耦变压器还可以把抽头制成能够沿线圈自由滑动的触点，可平滑调节二次绕组电压。图 3-23(a) 为实验室常用的低压小容量的自耦变压器。一次绕组接入 220V 交流电压，二次绕组可以输出电压，转动手柄输出电压可在 0～250V 范围内调节。

三、互感器

在电工测量中，被测量的电量经常是高电压或大电流，为了保证测量者的安全，必须将待测电压或电流按一定比例降低，以便于测量。用于测量的变压器称为仪用互感器。互感器按用途可分为电压互感器和电流互感器。

1. 电压互感器

电压互感器是一台小容量的降压变压器，其外形、原理图和符号如图 3-24 所示。一次绕组接待测高压，二次绕组接电压表。其工作原理为

$$\frac{U_1}{U_2}=\frac{N_1}{N_2}$$

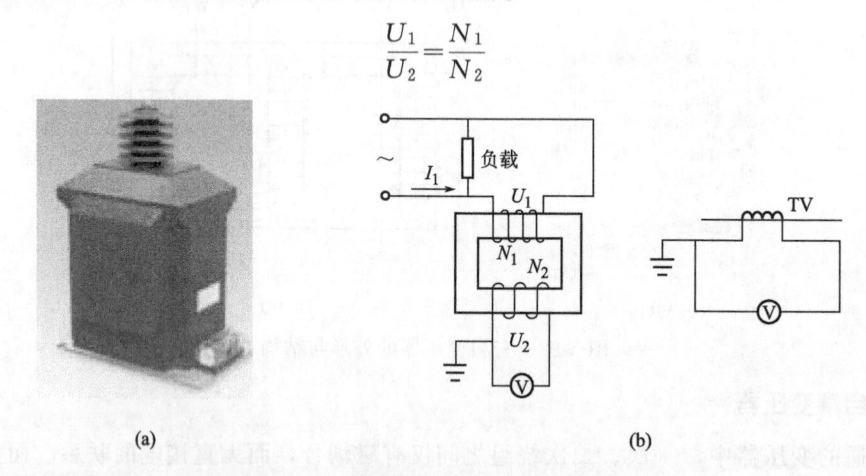

图 3-24　电压互感器的外形、原理图和符号

为了降低电压，需要 $N_2<N_1$，一般规定电压互感器的二次绕组的额定电压为 100V。如 6000/100V、10000/100V 等。

应当注意，由于电压互感器的二次侧电流很大，因此绝不允许二次绕组短路。为了安全起见，在一次、二次绕组端分别接入熔断器进行保护。同时，电压互感器的铁芯、金属外壳和二次绕组的一端必须可靠接地。

2. 电流互感器

电流互感器主要用来扩大交流电流表的量程，其外形、原理图和符号如图 3-25 所示。一次绕组串联在待测电路中，二次绕组接电流表。其工作原理为

$$\frac{I_1}{I_2}=\frac{N_2}{N_1}$$

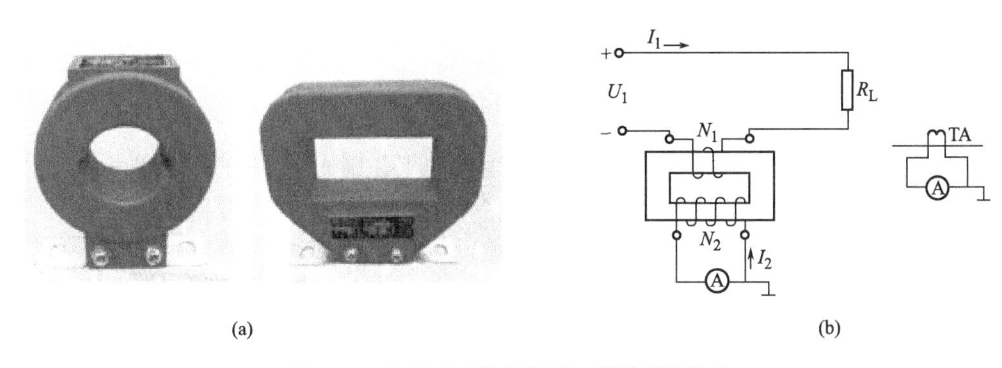

(a) (b)

图 3-25 电流互感器的外形、原理图和符号

为了减少电流，需要使 $N_2>N_1$，一般规定电流互感器的二次绕组的额定电流为 5A，如 90/5A、50/5A 等。

四、电焊变压器

交流电焊机目前应用广泛，其实质上是一台特殊的变压器，即电焊变压器。图 3-26 所示为电焊变压器的外形和原理图。

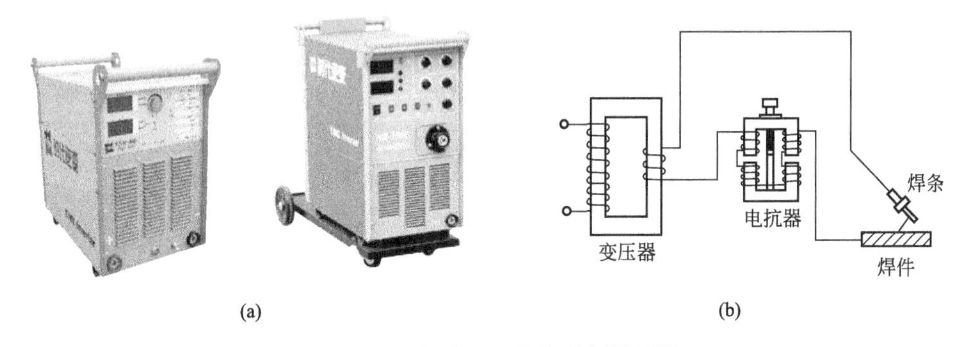

(a) (b)

图 3-26 电焊变压器的外形和原理图

电焊变压器空载（焊条未接触工件）时，二次绕组电压为 60～75V。焊条与工件接触时，变压器二次绕组通过电抗器短路。由于电抗器的铁芯不但有一定的空气隙，而且转动螺杆还可改变空气隙的长短，获得不同大小的焊接电流。电抗器可以限制短路电流不致太大，从而使电焊变压器不致烧坏。焊条离开焊件一个很小距离后，焊条与焊件之间产生温度高达几千度的电弧，熔化金属使两个工件焊接在一起。

知识拓展 变压器同名端的判断

在同一磁通作用下，变压器一次侧和二次侧绕组中所产生的感应电动势方向相同的绕组端头称为同名端。同名端的判断方法如下。

1. 直观法

铁芯上绕制的线圈绕向相同的两个端头就是同名端，因此，如果能观察到绕组的绕制方向就可判断出哪是同名端。

2. 测试法

(1) 电压表法

如图 3-27 所示，测出电压 U_2 和 U_3，若 $U_3=U_1+U_2$，则 1、4 为同名端；若 $U_3=U_1-U_2$，则 1、3 是同名端。

(2) 检流计法

如图 3-28 所示，合上开关 S，若检流计的电流向下，则 1、3 端子处于高电位，它们是同名端（G 为检流计）。

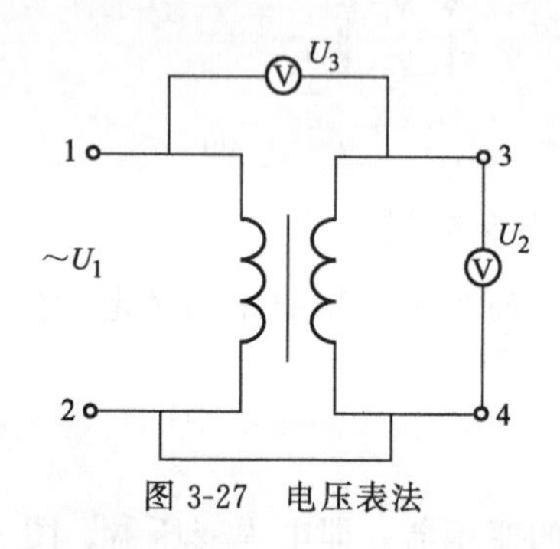

图 3-27 电压表法

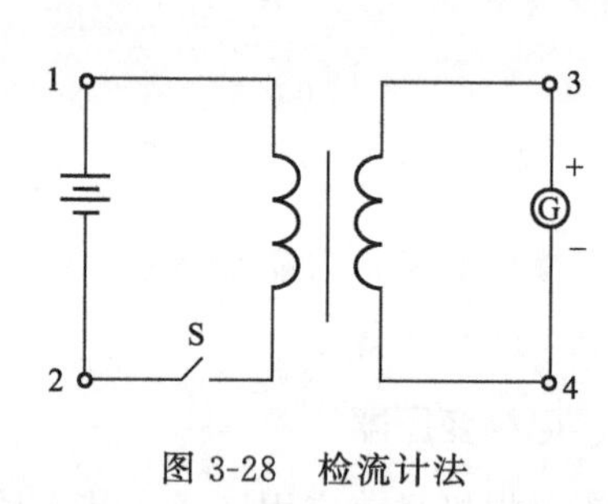

图 3-28 检流计法

做做练练

一、填空题

1. 具有磁性的物体叫做__________。能够__________的磁体叫做永磁体。永磁体有__________磁体和__________磁体两种。

2. 每个磁体都有__________磁极。磁极的极性分别为__________极和__________极。

3. 同性磁极相互__________，异性磁极相互__________。

4. 判断通电导线周围磁感线绕行方向可用__________定则。

5. 磁场对磁场中通电导线的__________叫做安培力，安培力的方向可用__________来判断。

6. 线圈中的磁通不断改变，线圈中就有__________产生。感应电流的方向可以用__________定则来判断。

7. 变压器是由硅钢片叠成的__________与套装在其上的__________所组成。

8. 铁芯的作用是构成__________，绕组是变压器的__________部分。

9、变压器的作用是__________、__________、__________。

10、变压器功率损耗主要有__________和__________。

二、计算题

1. 一台单相变压器的一次绕组电压 $U_1=3000\text{V}$，变比 $K=15$，求二次绕组电压 U_2 等于多少？

2. 一台降压变压器，其中 $U_1=1000\text{V}$，$U_2=220\text{V}$。如果二次绕组接一台功率 $P=25\text{kW}$ 的电阻炉，求一次、二级绕组的电流各为多少？

3. 单相变压器一次电压是 220V，二次电压是 110V，如果一次绕组为 440 匝，求二次绕组的匝数是多少？如果在二次绕组电路中接入 110V、110W 的电灯 11 盏，求此时一次、二次绕组的电流值各为多少？

4. 晶体管收音机的输出变压器，一次绕组匝数 $N_1=230$ 匝，二次绕组匝数 $N_2=80$ 匝，原来配接有阻抗为 8Ω 的喇叭，现要改接 4Ω 的喇叭，问二次绕组的匝数应为多少？

5. 单相变压器一次绕组接在 6000V 的交流电源上，空载时二次绕组两端电压为 220V，如果已知二次绕组有 200 匝，求变比和一次绕组匝数。

6. 一个变压器的变比为 10，流过负载的电流为 1A，问流过变压器一次绕组的电流是多少？如果负载是 10Ω 的电阻，则加在一次绕组两端的电压是多少？

项目三　电　动　机

合上电源开关后，电风扇就会转动，厨房的抽油烟机就会抽走油烟，空调机就会制冷降温等。这些电器的工作，都是依靠它们内部的电动机驱动实现的。电动机在工业生产中更是一种重要的动力设备，如起重机的工作，用于反应器中的搅拌机的工作，都是依靠电动机的带动。可见，人类的生产和生活都离不开电动机。

电动机的种类很多，有直流和交流之分，有单相和三相之分，有同步和异步之分。以下讨论三相交流异步电动机。

相关知识点：电动机的结构　工作原理　三相绕组首尾的判别

知识一　三相笼型异步电动机的结构

一、三相异步电动机的分类

三相异步电动机按防护方式不同分为开启式、防护式、封闭式和防爆式；按转子结构不同可分为笼型和绕线型；根据安装方式不同可分为卧式和立式；根据电动机轴伸不同可分为单轴伸和双轴伸。

二、三相笼型异步电动机的结构

三相笼型异步电动机主要由定子和转子两个基本部分组成，其结构如图 3-29 所示。

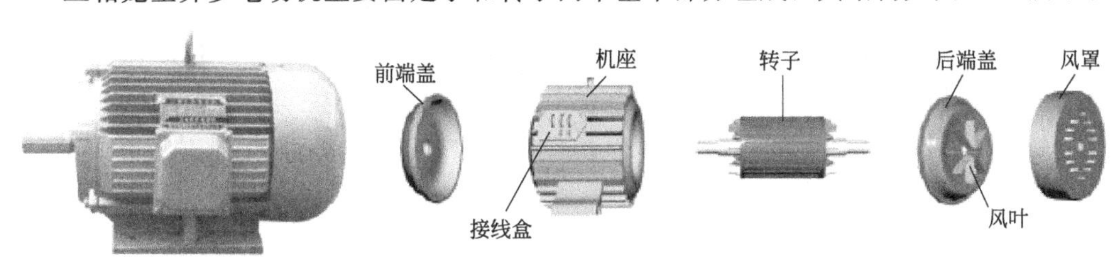

图 3-29　三相笼型异步电动机的结构

1. 定子

定子由定子铁芯、定子绕组和机座三部分组成。

定子铁芯组成电动机磁路的一部分，通常由 0.35～0.50mm 厚的硅钢片叠压而成，在硅钢片内圆冲有均匀分布的槽口。整个铁芯被固定在铸铁机座内，铸铁机座上铸有加强散热功能的散热筋片。如图 3-30 所示。

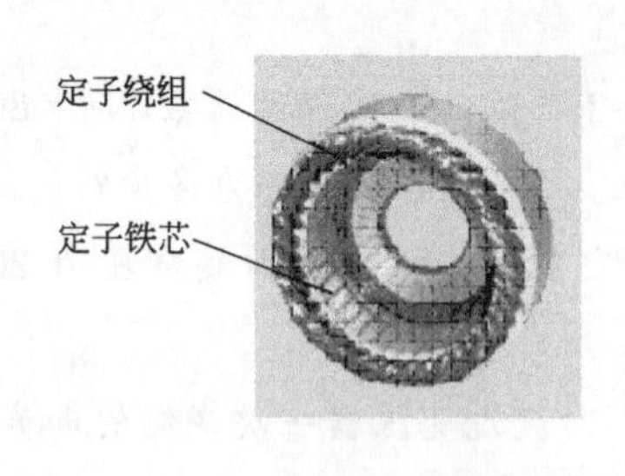

(a) 定子绕组与铁芯

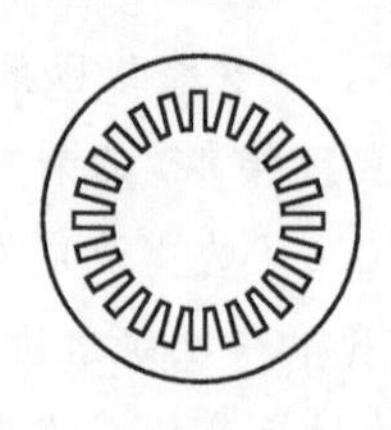

(b) 硅钢片

(c) 电动机机座

图 3-30　电动机定子

定子绕组是电动机的电路部分。它的作用是通入三相对称交流电，产生旋转磁场。它由若干匝线圈组成的三相绕组，按一定的空间角度嵌放在定子铁芯槽内，每相绕组有两个引出线端，一个叫首端，另一个叫尾端。其中三个首端分别用 U_1、V_1、W_1 表示，三个尾端分别用 U_2、V_2、W_2 表示。一般绕组的直流电阻值都很小。

定子三相绕组连接方法一般有星形（Y 形）接法和三角形（△形）接法。它们的内部接线见图 3-31。目前 Y 系列电动机 4kW 及以下为 Y 形接法，4kW 以上均为△形接法。电动机额定线电压为 380V。图 3-32 所示为电动机接线盒外形以及电动机引出线的连接方法。

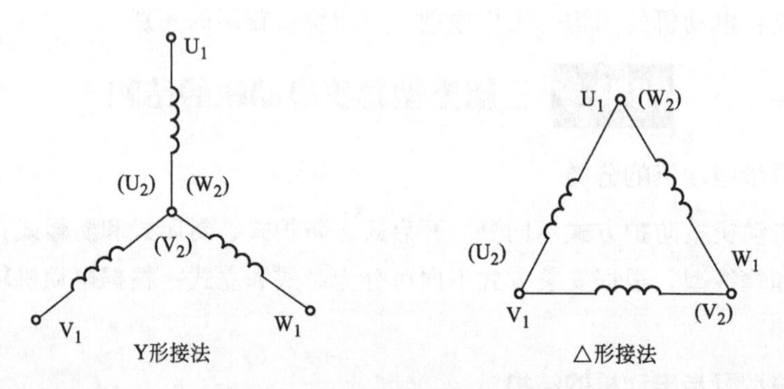

图 3-31　电动机定子绕组连接方法

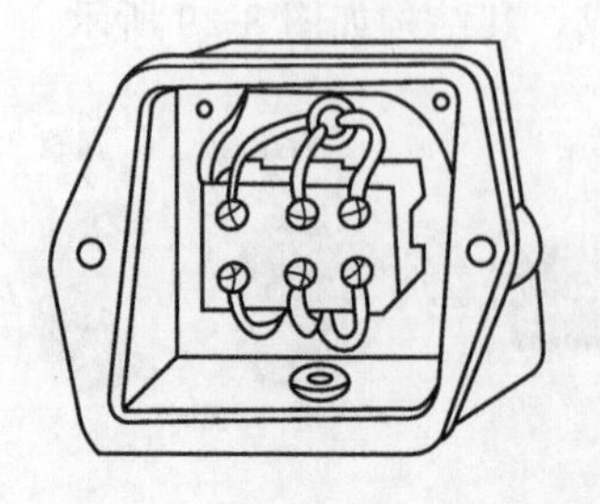

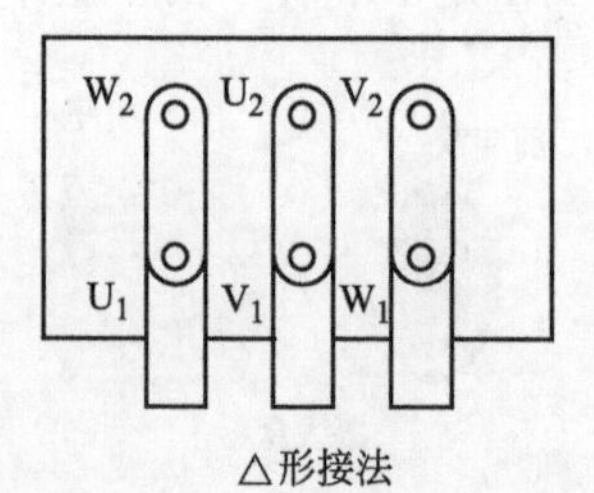

△形接法

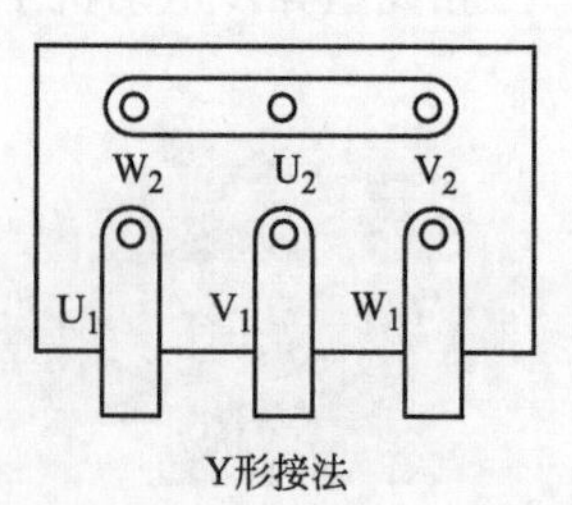

Y形接法

图 3-32　电动机接线盒外形及引出线的连接方法

2. 转子

转子由转子铁芯、转子绕组（笼型绕组）和转轴三部分组成。

转子铁芯也是电动机磁路的一部分，通常由 0.50mm 厚互相绝缘的硅钢片叠压而成，在硅钢片外圆冲有均匀分布的槽，用来安置转子绕组。

转子绕组是电动机的电路部分。它的作用是产生感应电流，并在旋转磁场的作用下产生电磁力矩而使转子转动。笼型转子绕组有两种结构形式：一种结构为铜条转子，即在转子铁芯槽内放置绝缘的铜条，铜条的两端用端环焊接，形成一个笼子的形状；另一种结构为铸铝式转子，将熔化了的铝浇铸在转子铁芯槽内成为一个整体，将两端的端环用风扇叶片一起铸成。转子的外形及结构如图 3-33 所示。

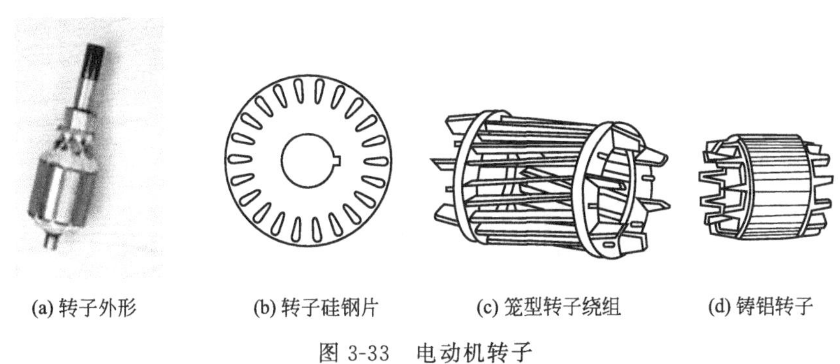

(a) 转子外形　(b) 转子硅钢片　(c) 笼型转子绕组　(d) 铸铝转子

图 3-33　电动机转子

3. 其他附件

除定子、转子两个主体部分外，电动机还有端盖、轴承、轴承盖、风扇叶和接线盒等附件。

想一想

哪些家用电器上使用了电动机？这些电动机与所学的三相电动机一样吗？

知识二　三相笼型异步电动机的工作原理

一、工作原理

三相异步电动机的工作过程可分解成以下三步。

第一步，电生磁。当向电动机三相定子绕组通入三相交流电流时，将产生一个随时间变化的旋转磁场，其转向与所接电源相序相同。

第二步，磁生电。因为转子绕组与旋转磁场之间存在着相对运动，从而在转子绕组中产生感应电动势和电流。

第三步，产生电磁力矩。产生了感应电流的转子绕组在旋转磁场的作用下产生电磁力，该力对转轴形成电磁转矩，使转子沿着旋转磁场的方向旋转。

二、转动方向

电动机的转动方向由电动机所接三相电源的相序决定，改变三相电源的相序，电动机的转动方向改变。

三、转速

电动机转速 n 恒小于定子旋转磁场转速 n_1（也称为电动机的同步转速），即呈“异步”关系。把转速差（$n-n_1$）与旋转磁场转速 n_1 之比的百分数叫做转差率，用 s 表示，即

$$s=\frac{n_1-n}{n_1}\times100\%$$

转差率 s 是电动机性能的一个重要参数，当转子转速 n 越高时，转差率 s 越小，反之则越大。通常，电动机转子转速 n 比同步转速 n_1 低 2%～6%，转差率取值范围为 $0\leqslant s\leqslant1$。

想一想

1. 要让电动机反转，三相电源应如何接线？
2. 电动机转速 n 为什么小于定子旋转磁场转速 n_1？

知识三 三相异步电动机的铭牌

三相异步电动机的铭牌见表 3-1 所示。铭牌的作用是向使用者简要说明这台设备的一些额定数据和使用方法，用于正确选用电动机。

表 3-1 三相异步电动机的铭牌

三相异步电动机				
型号 Y132M-4			编号	
7.5kW			15.4A	
380V	1440r/min		LW 78dB	
接法 Δ	防护等级 IP44		50Hz	81kg
标准编号	工作制 S1	绝缘等级 B		年 月
厂 名				

① 型号 Y132M-4。

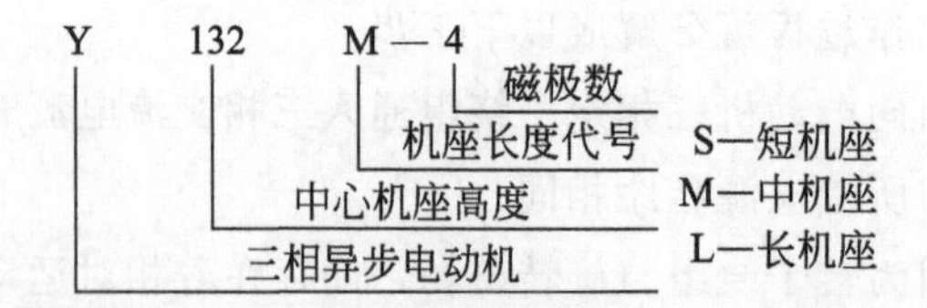

② 额定功率 P_N——额定运行时电动机轴上输出的机械功率，单位为 kW。

③ 额定电压 U_N——额定运行时定子绕组端的线电压，单位为 V 或 kV。

④ 额定频率 f——额定电压的频率，我国的标准工频为 50Hz。

⑤ 额定电流 I_N——额定运行时定子绕组的线电流。

⑥ 额定转速 n_N——额定运行时的转速，单位为 r/min。

⑦ 工作制——电动机的运行方式。

a. 连续运行（S1）。电动机持续工作时间较长，温升可达稳定值，属于这一类的生产机械如风机、压缩机、离心泵、机床主轴等。

b. 短时运行（S2）。因工作时间较短，温升未达稳定值时就停止运行，而且间歇时间足以使电动机冷却到环境湿度，例如机床的辅助运行等。

c. 断续运行（S3）。周期性地工作与停机，每一周期不超过 10min，如起重、冶金等机械。

⑧ 噪声等级标注 LW，单位为 dB。

⑨ 绝缘等级和额定温升。我国规定的标准环境温度为 40℃，电动机运行时因发热而升温，其允许的最高温度与标准环境温度之差称为额定温升，额定温升是由绝缘等级决定的，具体见表 3-2。

表 3-2　电动机的绝缘等级和额定温升

绝缘等级	Y	A	E	B	F	H	C
额定温升/℃	500	650	800	900	1100	1400	>1400

知识拓展一　电动机三相绕组首尾端的判别

一、干电池法

第一步，将三相绕组的 6 个端头从接线板上拆下，先用万用表测出每相绕组的两个端头，并按图 3-34 所示编为 1 号、2 号、3 号、4 号、5 号、6 号。

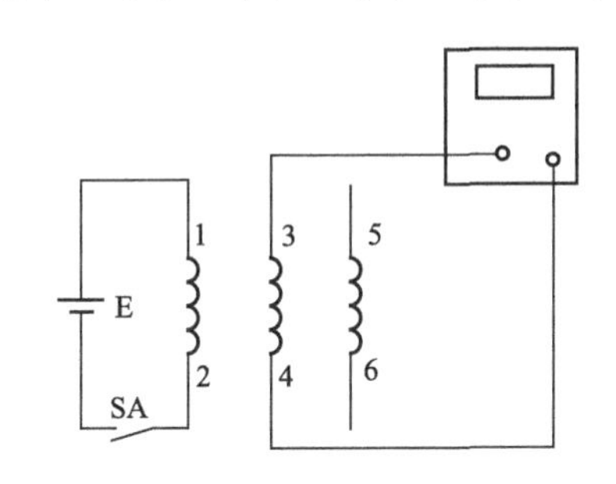

图 3-34　干电池法

第二步，将 3、4 号绕组端接万用表正、负端钮，并规定接正端钮的为首端，将万用表置于直流最低毫安挡。将另一绕组的 1、2 端分别接低压直流电源正、负极。

第三步，闭合 SA 开关，如闭合开关瞬间，电流表指针向右偏转，则与电源正极相接的一端 1 和与万用表正端钮相接的 3 端为同极性端，均为首端。反过来，2 与 4 也是同极性端，均为尾端。

第四步，用同样办法，可判断出第三相绕组的 5、6 两端哪端为首端，哪端为尾端。规定 1-2 端绕组为 U 相、3-4 端绕组为 V 相、5-6 端绕组为 W 相。

二、低压（36V）交流电源法

第一步，用万用表欧姆挡将三相绕组分开。

第二步，将分开后的三相绕组的 6 个接线端分别编号为 U_1、U_2、V_1、V_2、W_1、

W_2。然后按图 3-35 所示把任意两相中的两个端子（如 V_1 和 U_2）连接起来，构成两相串联绕组。

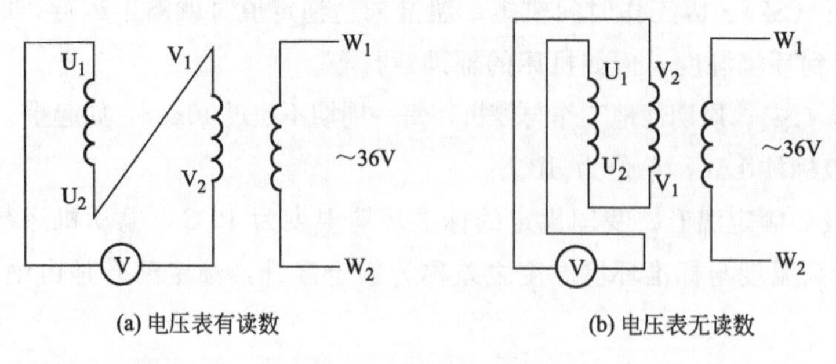

(a) 电压表有读数　　(b) 电压表无读数

图 3-35　交流电源法

第三步，在另外两个接线端 V_2 和 U_1 上接交流电压表。

第四步，在另一绕组 W_1 和 W_2 上接 36V 交流电源，如果电压表有读数，如图 3-35(a) 所示，则说明 U_1、U_2 和 V_1、V_2 的编号正确。如果无读数，如图 3-35(b) 所示，则把 U_1、U_2 或 V_1、V_2 的编号对调一下即可。

第五步，用同样的方法判定 W_1、W_2 的两个接线端。

三、发电机法

第一步，用万用表欧姆挡将三相绕组分开。

第二步，将分开后的三相绕组的 6 个接线端分别编号为 U_1、U_2、V_1、V_2、W_1、W_2。

第三步，按图 3-36 接线，用手转动电动机转子。

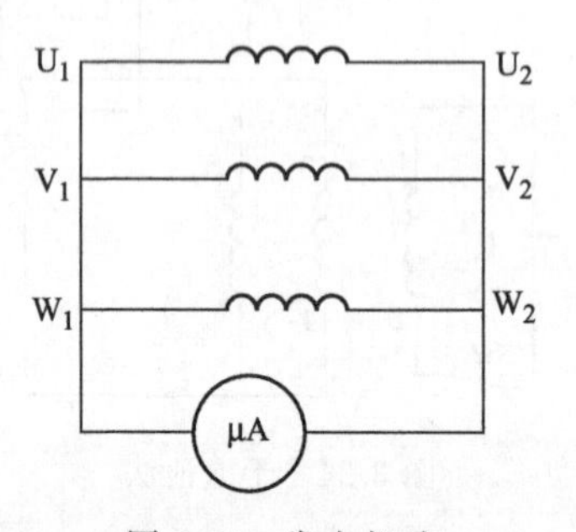

图 3-36　发电机法

由于电动机定子铁芯中通常有少量的剩磁，当磁场变化时，在三相定子绕组中将有微弱的感应电动势产生，此时若并接在绕组两端的微安表指针不动，则说明假设的编号是正确的。若指针偏转，说明其中有一相绕组末端假设编号错误，应逐相重新接线再测，直到正确为止。

知识拓展二　三相异步电动机的选用与检查

一、三相异步电动机的选择

1. 电动机种类的选择

三相异步电动机有鼠笼式和绕线式两种类型，一般优先选用鼠笼式三相异步电动机，它具有结构简单、工作可靠、过载能力强、价格便宜等特点。

在需要启动转矩大，或要求能小范围调速的情况下，可选用绕线式三相异步电动机。

2. 电动机外形结构的选择

选择电动机的外形结构，主要是根据安装方式：选立式或卧式等；根据工作环境：选开启式、防护式、封闭式和防爆式等。

3. 电动机额定功率与额定转速的选择

根据生产机械所需功率，选择电动机的额定功率。电动机的额定功率应等于或略大于生产机械的功率，并应有足够的过载能力。

根据生产机械的转速选择电动机的额定转速，电动机的额定转速应等于或略高于生产机械的转速。

二、电动机的检查

1. 启动前的检查

检查电源电压是否与电动机铭牌所标示电压一致；电动机接线方式是否与铭牌所标示一致。

新电动机或长期不用的电动机，使用前应用兆欧表检查电动机定子各相绕组之间和绕组对机壳的绝缘电阻，其绝缘电阻不能小于 0.5MΩ。

2. 通电检查

上述检查合格后可通电检查，用转速表测量转速，检查是否均匀并符合要求；检查机壳是否过热；轴承有无异常声音。

知识拓展三 三相异步电动机常见故障及维修方法

三相异步电动机常见故障及维修方法见表 3-3。

表 3-3 三相异步电动机常见故障及维修方法

<table>
<tr><th>常见故障</th><th colspan="2">故障原因及检测</th><th>维 修 方 法</th></tr>
<tr><td>匝间短路</td><td colspan="2">①线把中互相挨着绕组的两匝因外皮碰破而直接接触叫做匝间短路
②短路匝烧成焦黑，其他匝和绕组完好
③两相空载电流比正常值大，一相电流较小</td><td>①找到短路处，局部修理，涂上绝缘漆并把两匝拨开或将损坏的线把换掉
②如绕组绝缘大部分烧坏，则需更换绕组</td></tr>
<tr><td>相间短路</td><td colspan="2">①三相绕组之间的相间绝缘由于过热或机械碰伤使不同相的导线之间相接触叫相间短路
②严重的短路会造成很大的短路电流
③用摇表测量相间绝缘电阻可以很方便地确定有无相间短路</td><td>更换绕组</td></tr>
<tr><td>绕组接地</td><td colspan="2">①三相绕组的任何一点(或一点以上)与铁芯或机壳相通时，叫做绕组接地
②用摇表测各相对地绝缘电阻为 0</td><td>①把绕组接地处损坏的绝缘物刮掉或拆去，换上等级相同的绝缘物
②严重时则需更换新的绕组</td></tr>
<tr><td>绕组断路</td><td colspan="2">①三相绕组中有一相断路时，叫内部缺相
②长期满载运行会引起电动机过热
③三相电流值都比正常值大，其中两根电流值相近，第三根电流更大</td><td>需更换新的绕组</td></tr>
<tr><td rowspan="2">接线错误</td><td>一相反接</td><td>①在三相绕组连接中，若一相头尾互换叫做一相反接
②启动转矩下降、机身振动
③明显电磁噪声、机内严重发热等</td><td>用万用表测定法正确辨别绕组的首尾端，然后重新接好</td></tr>
<tr><td>星角接错</td><td>①星接电动机接成角接时，会导致电动机过热
②角接电动机接成星接时，启动转矩下降，满载电流剧增</td><td>重新正确接线</td></tr>
</table>

做做练练

一、填空题

1. 三相异步电动机由________和________两部分组成，________绕组通三相交流电，目的是产生________。

2. 转差率是异步电动机重要参数，表达式为________，它表达了________和________差异的程度。

3. 我国生产的三相异步电动机规定：4kW 以下定子绕组采用________接法，4kW 以上采用________接法。

4. 异步电动机的________转速总是低于________转速。

5. 只要把从电源接到定子的________任意对调两根，磁场的旋转方向就会________，异步电动机就________。

6. 铭牌的作用是向________简要说明这台设备的一些________和________，用于正确选用电动机。

二、判断题

1. (　　) 发电机和电动机统称为电机。

2. (　　) 三相异步电动机转子有笼型和线绕型两种。

3. (　　) 转差率就是转子转速与同步转速的差值。

4. (　　) 旋转磁场的旋转方向总是与定子绕组中三相电源的相序一致。

三、选择题

1. 电动机铭牌上标明的功率是指(　　)。

A. 额定运行时，电动机输出的机械功率　　B. 额定运行时，电动机输入的总功率

C. 额定运行时，电动机消耗的热功率　　D. 都不正确

2. 异步电动机的转子铁芯是由(　　)厚的硅钢片叠成的。

A. 0.35mm　　B. 0.35cm

C. 0.5mm　　D. 0.5cm

四、问答题

1. 电动机是怎样转动起来的？

2. 什么是电动机绕组的星形接法？什么是电动机绕组的三角形接法？

项目四　三相异步电动机的控制

你见过起重机吗？操作工人按动几个按钮，它就能带起很重的东西作上升、下降、前进、后退等多种运动。为什么按动几个按钮它就能作不同方向的运动呢？其实，真正控制起重机运动的是机器中的那套由多种电气元件连接而成的控制线路。控制线路中有哪些电气元

件？控制线路又是如何工作的？学习完下面的内容，你就可以得到答案。

相关知识点：常用低压电器　电工识图　电动机的控制

知识一 常用低压电器

一、刀开关 QS

1. 刀开关的作用

刀开关又称闸刀开关，一般用于不经常操作的低压电路中，用作接通或切断电源，或用来将电路与电源隔离，有时也可用来控制小容量电动机作不频繁的直接启动与停机。

2. 刀开关的结构与符号

刀开关由闸刀、静插座、操作把柄和绝缘底板等组成，见图 3-37(a)。刀开关的电路符号与文字符号见图 3-37(b)。为了节省材料和安装方便，还可将刀开关与熔断器组合在一起，以便断路和短路时自动切断电路。

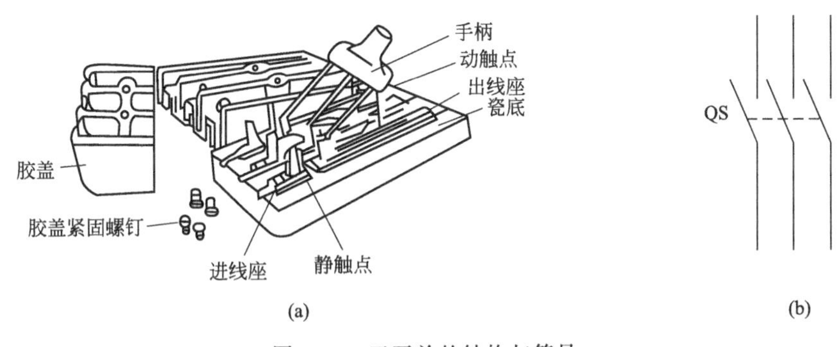

图 3-37 刀开关的结构与符号

3. 刀开关的安装

安装刀开关时，电源线应接在静触点上，负荷线接在和闸刀相连的端子上，若为有熔断丝的刀开关，负荷线应接在闸刀下侧熔断丝的另一端，以保证刀开关切断电源后，闸刀和熔断丝不带电。垂直安装时，操作把柄向上合为接通电源，向下拉为断开电源，不能装反，否则会因为闸刀松动自然下落而误将电源接通。

4. 刀开关的选用

选用刀开关时，其额定电流应大于它所控制的最大负荷电流。

二、按钮 SB

1. 按钮的作用

按钮是用来接通或断开小电流控制电路的，从而控制电动机或其他电气设备的运行。

2. 按钮的结构及工作原理

按钮由按钮帽、复位弹簧、动触点、静触点和外壳等组成。按钮的外形见图 3-38(a)。

按钮的工作原理是：按下按钮帽，连杆克服弹簧力的作用向下移动，常闭触点断开，常开触点闭合；松开按钮，依靠复位弹簧的作用，触点恢复原来的位置。常用的单按钮、复合按钮见图 3-38(b)。按钮的电路符号与文字符号见图 3-38(c)。

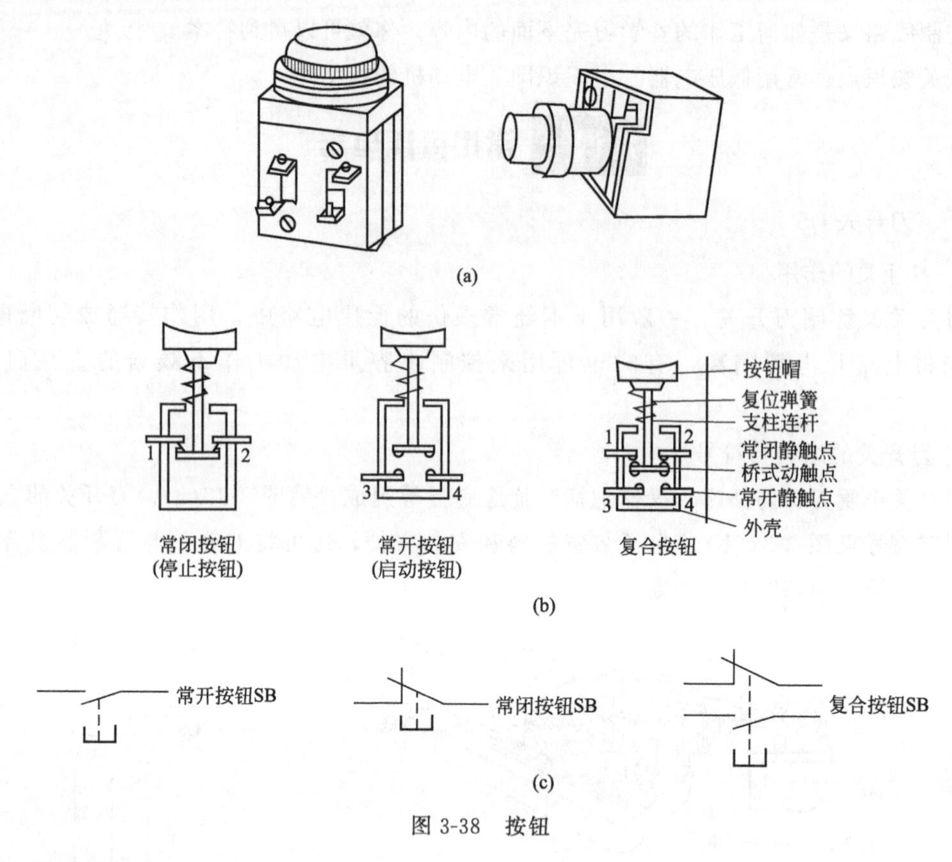

图 3-38 按钮

3. 按钮的选择

① 根据使用场合选择按钮开关的种类。

② 根据用途选择合适的形式。

③ 根据控制回路的需要确定按钮数。

④ 按工作情况要求选择按钮的颜色。

看一看

观察教室、宿舍等公共场所，看看哪些开关学过了，哪些开关没有学过，上网找找它们结构的相关资料。

三、低压断路器 QF

1. 低压断路器的作用

低压断路器又叫自动空气开关或空气断路器。当电路发生短路、过载以及失压时，它能自动切断电路，有效地保护电气设备。动作后不需要更换元件。它具有工作可靠、安装方便、分断能力较强的特点，因此被广泛应用于各种动力配电设备的开关电源、总电源开关线路和机床设备中。

2. 低压断路器的结构及工作原理

低压断路器主要由触头、灭弧装置、操作机构和保护装置（各种脱扣器）等组成。常见自动空气开关外形见图 3-39(a)，结构见图 3-39(c)，原理示意图见图 3-39(d)，电路符号与文字符号见图 3-39(b)。

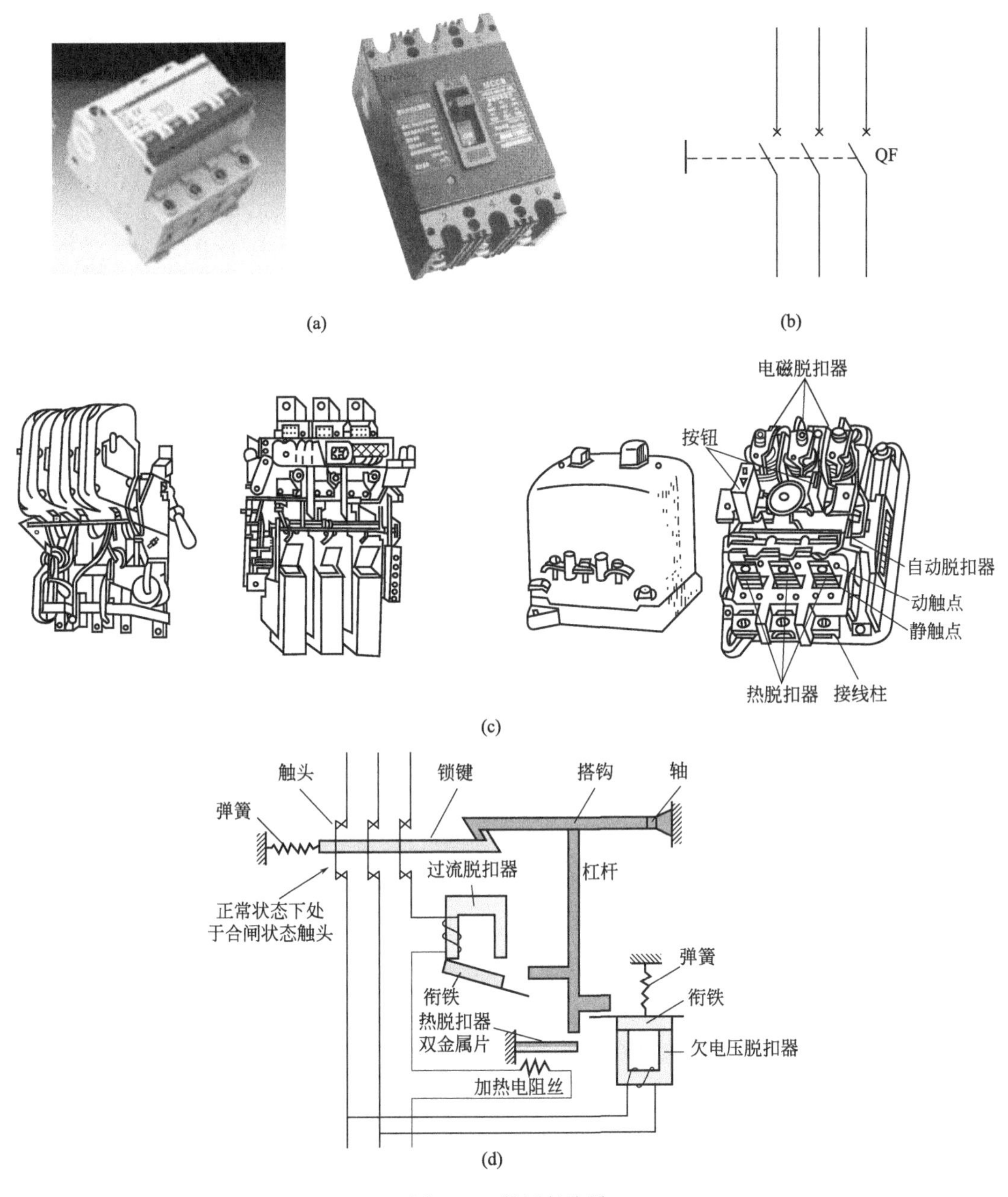

图 3-39 低压断路器

低压断路器的工作原理是：当电路发生短路时，过流脱扣器吸引衔铁，推动杠杆移动，使锁键与搭钩分离，将触点断开切断电源；当电路发生过载时，热脱扣器的双金属片产生足够弯曲，推动操作机构动作，使触点断开；当电源电压不足时，欠电压脱扣器的衔铁释放，推动操作机构动作，使触点断开。

四、熔断器 FU

1. 熔断器的作用

熔断器用于电路的短路或过载保护。

2. 熔断器的结构及工作原理

熔断器主要由熔管、熔体和导电部件组成。熔断器种类很多，常用的有管式熔断器［见图 3-40(a)、(b)］，瓷插式熔断器［见图 3-40(c)］，螺旋式熔断器［见图 3-40(d)］，电路符号与文字符号见图 3-40(e)。

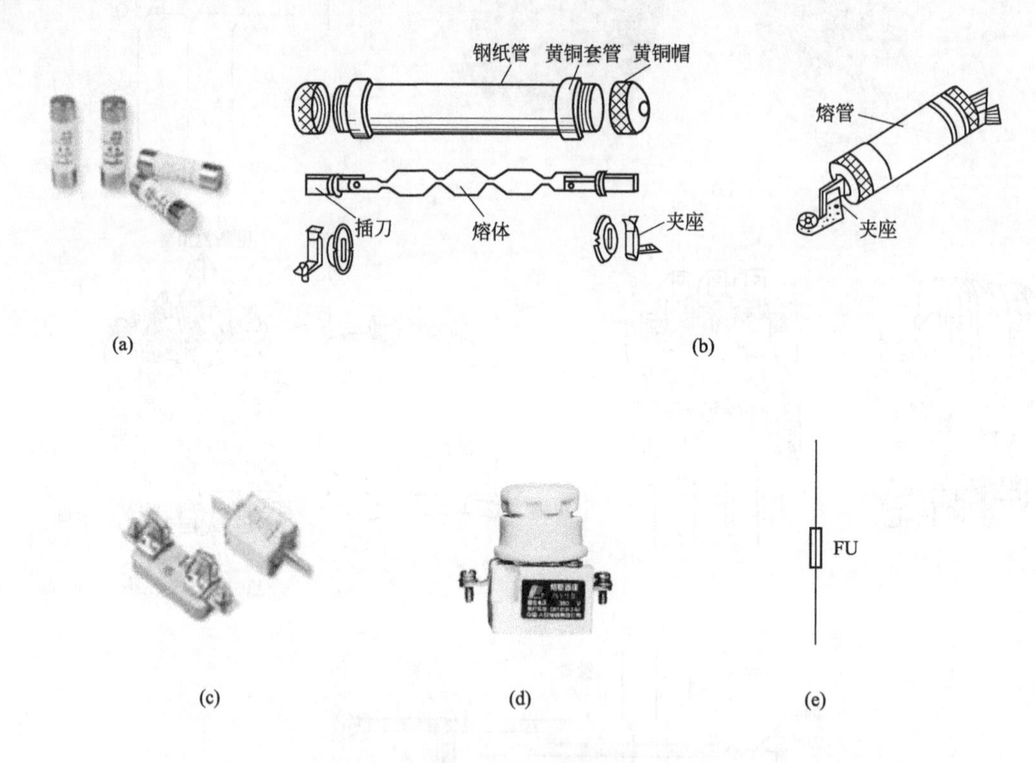

图 3-40　熔断器

熔断器的工作原理是：当电路发生短路或过载故障时，通过熔体的电流使其发热，当达到熔化温度时熔体自行熔断，从而分断故障电路。

3. 熔断器的选择

熔断器的选择除了根据应用场合选择适当的结构形式外，主要是选择熔体的额定电流。熔体额定电流的选择原则如下。

(1) 照明和电热负载的熔体

为确保照明和电热负载的正常工作而不被损坏，应使熔体额定电流≥被保护设备的额定电流。

(2) 一台电动机的熔体

因电动机启动电流是额定电流的 5～7 倍，为使电动机能正常启动，必须按照电动机启动电流来确定熔体的电流。

(3) 多台电动机合用的熔体

考虑多台电动机未必同时启动，以及对按发热条件选择导线截面的要求，其熔体的额定电流＝(1.5～2.5) 最大容量电动机的额定电流＋其余电动机额定电流之和。

议一议

在家里，在教室里，在其他任何用电场合，电路中都装有保险器。保险器是用来做什么的？

五、交流接触器 KM

1. 交流接触器的作用

交流接触器不仅可用来频繁地接通或断开带有负载的电路，而且能实现远距离控制，并具有失压保护的功能，常用作电动机的电源开关。

2. 交流接触器的结构及工作原理

接触器主要由电磁系统、触点系统、灭弧装置和辅助部件构成。

接触器的外形见图 3-41(a)，结构见图 3-41(b)，电路符号与文字符号见图 3-41(c)。

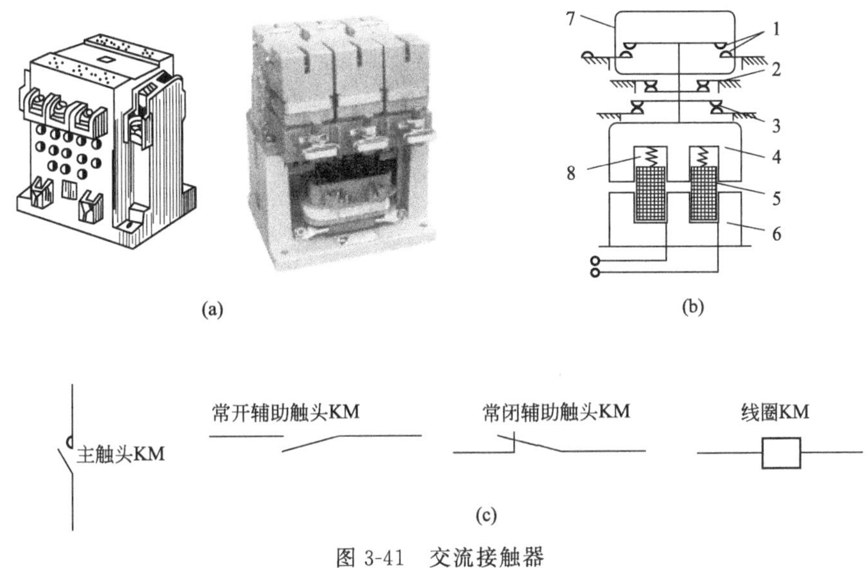

图 3-41 交流接触器

1—主触头；2—辅助常闭触头；3—辅助常开触头；4—动铁芯；5—线圈；6—静铁芯；7—灭弧罩；8—反作用弹簧

交流接触器的工作原理是：当铁芯线圈通电时，就产生电磁吸力将动铁芯吸合，带动动触头向下运行，从而使常开触头闭合，而常闭触头断开。当线圈断电时，电磁力消失，于是在反作用弹簧的作用下，使动铁芯释放，各触头又恢复到原来的位置。

3. 交流接触器的选择

① 根据电路中负载电流的种类选择接触器的类型。

② 接触器的额定电压应大于或等于负载回路的额定电压。

③ 吸引线圈的额定电压应与所接控制电路的额定电压等级一致。

④ 额定电流应大于或等于被控主回路的额定电流。

六、热继电器 FR

1. 热继电器的作用

热继电器是利用电流的热效应而工作的，常用来作为电动机的过载保护、断相保护及电流不平衡的运行保护，也可用于其他电气设备的过载保护。

2. 热继电器的结构及工作原理

热继电器主要由热元件、动作机构、触点系统、电流整定装置、复位机构和温度补偿元件等部分组成。其外形见图 3-42(a)，结构见图 3-42(b)，原理示意图见图 3-42(c)，电路符号与文字符号见图 3-42(d)。

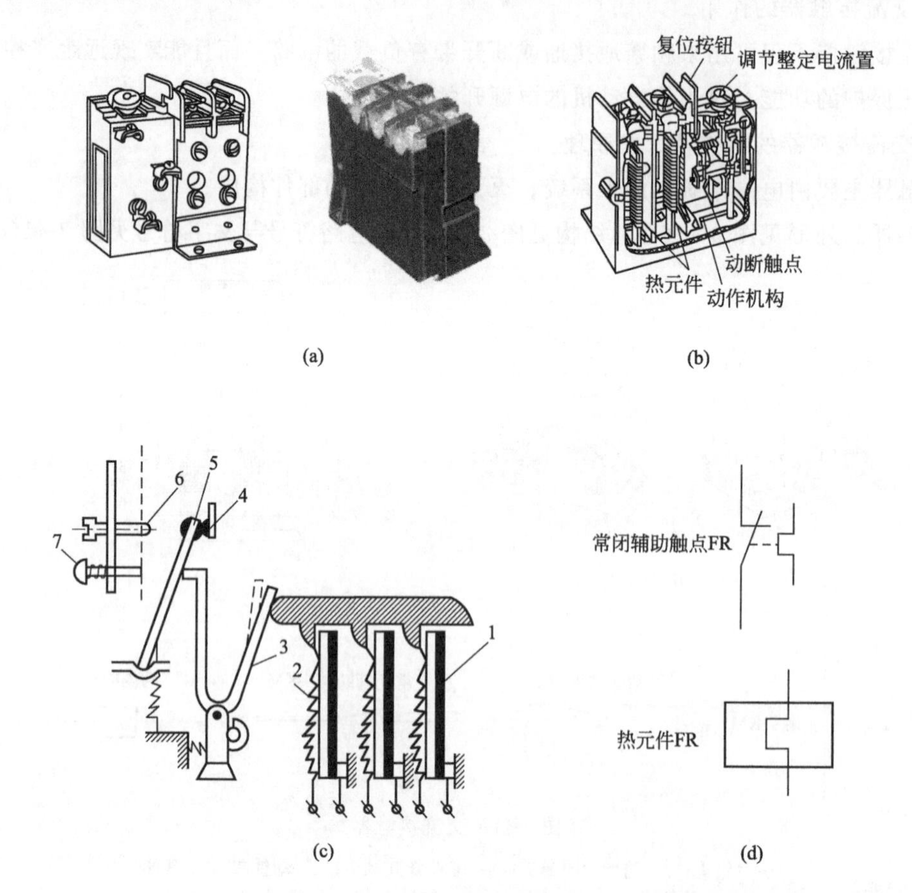

图 3-42 热继电器

1—双金属片；2—发热元件；3—杠杆；4—静触点；5—动触点；6—调节螺钉；7—复位按钮

原理图中的发热元件是一个串接在主电路中的电阻片，在发热电阻片旁有一双金属片，双金属片是由两层线胀系数不同的金属片经热轧黏合而成，一端固定在支架上，另一端是自由端，其右层金属片的线胀系数较大，受热后双金属片向左弯曲。

热继电器的工作原理是：当电动机正常工作时，双金属片受热而膨胀弯曲的幅度不大，杠杆不转动；当电动机过载时，电流增大，经一定时间后，发热元件温度升高，双金属片受热而弯曲过多，杠杆克服弹簧力作用逆时针方向旋转，使静触点 4 和动触点 5 断开，通常再利用这个触点去断开控制电动机的接触器中线圈的电路，使线圈失电，接触器跳闸，从而使电动机脱离电源而起到保护作用。热继电器动作后，需经一定时间，待双金属片冷却后，再按压复位按钮，使继电器复位，触点闭合，才能重新工作（也有一些继电器能自动复位）。

值得注意的是，热继电器不能作短路保护。因为发生短路故障时，要求电路立即断开，而热继电器由于热惯性不能立即动作。但这个热惯性也是符合要求的，在电动机启动或短时过载时，热继电器不会动作，这就避免了电动机的不必要停车。

3. 热继电器的选择

(1) 热继电器类型的选择

一般轻载启动、长期工作的电动机或间断长期工作的电动机，选择二相结构的热继电器；电源电压的均衡性和工作环境较差或较少有人照管的电动机，或多台电动机的功率差别较大，可选择三相结构的热继电器；而三角形连接的电动机，应选用带断相保护装置的热继电器。

(2) 热继电器额定电流的选择

热继电器的额定电流应略大于电动机的额定电流。

(3) 热继电器型号的选择

根据热继电器的额定电流应大于电动机的额定电流原则，查表确定热继电器的型号。

(4) 热继电器整定电流的选择

根据热继电器的型号和热元件的额定电流，可以查表得到热继电器整定电流的调节范围。

知识二 电工识图

一、电气原理图

1. 电气原理图的概念及作用

电气原理图就是按工作顺序用图形符号从上而下、从左到右排列，详细表示电路、设备或成套装置的全部组成和连接关系，而不考虑其实际位置的一种简图。其目的是便于详细理解设备工作原理、分析电路特性和计算电路参数。图 3-43(a) 为三相异步电动机的点动控制线路的电气原理图。

2. 电气原理图的组成

电气原理图可分为主电路、控制电路（有的还有辅助电路）。主电路是指一个设备中电器的动力装置及保护电路，这部分电路中通过的是电动机较大的工作电流。控制电路是指控制主电路工作状态的电路，这部分电路中通过的电流较小。辅助电路包括信号电路和照明电路。信号电路是指显示主电路工作状态的电路；照明电路是指实际机床设备局部照明的电路。

3. 绘制电气原理图的原则

① 主电路通常用实线画在电气原理图的左侧，控制电路和辅助电路用实线画在电气原理图的右侧。各电路中各电气元件一般按从上到下、从左到右排列。

② 同一电气元件的各部件可以不画在一起，为便于识别，同一电气元件的各部件以同一文字符号表示。

③ 图中各电气元件的图形符号均以正常状态表示，所谓正常状态是指未通电或无外力作用时的状态。

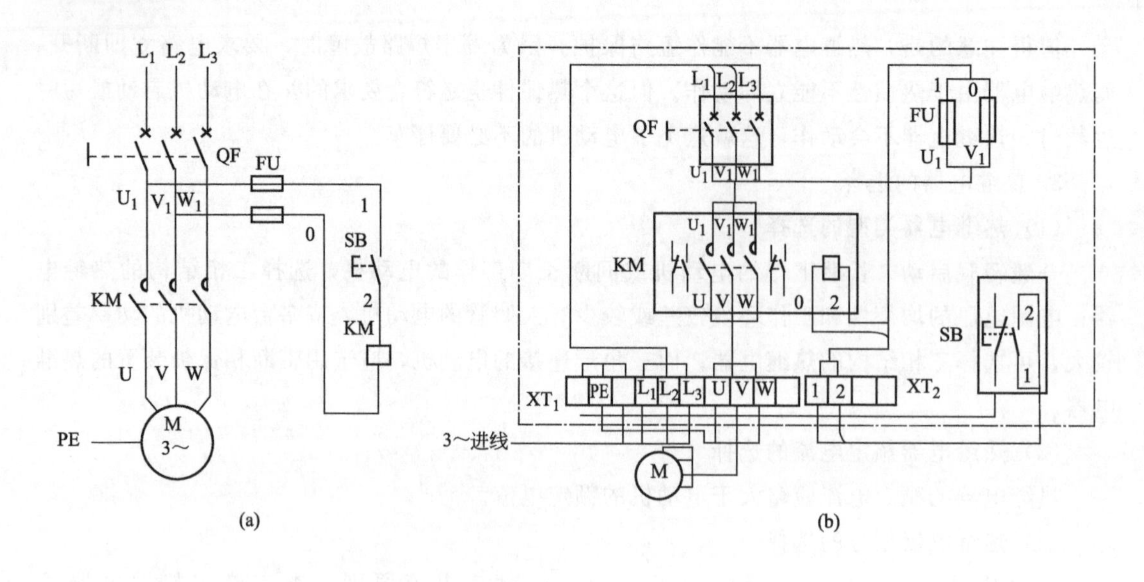

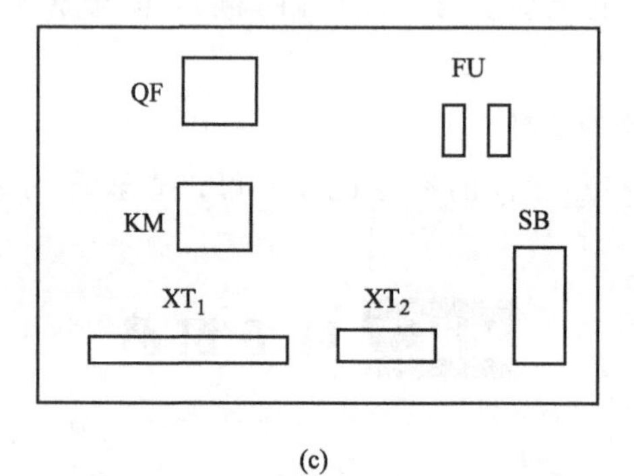

(c)

图 3-43　三相异步电动机点动控制

QF—断路器；KM—交流接触器；FU—熔断器；SB—按钮；XT_1、XT_2—端子排

4. 识图的方法

识图时先看主电路，后看控制电路。看图的原则是自上而下、从左到右的顺序，看主电路应根据电流的流向由电源到被控制的设备，了解生产工艺要求，这是阅读和分析的前提，了解主电路中有哪些电器，它们是怎样工作的，工作有何特点。看控制电路时，应自上而下，按动作先后次序一个一个分析，当一个电器动作后，应逐个找出它的主、辅触点分别接通或断开了哪些电路，或为哪些电路的工作做了准备，搞清它们的动作条件和作用，理清它们间的逻辑顺序。此外，还要关注电路中有哪些保护环节。

二、电气安装接线图

电气安装接线图主要用于表示电气装置内部元件之间及其外部其他装置之间的连接关系，它是一种便于制作、安装及维修人员接线和检查的简图。图 3-44(b) 就是三相异步电动机的点动控制线路的安装接线图，它清楚地表示了各元件之间的实际位置和连接关系：电源（L_1、L_2、L_3）由 BV3×1.5mm^2 的导线接至端子板的 L_1 号、L_2 号、L_3 号接线端子上，通过空气断路器 QF 接至交流接触器 KM 的主触点后接到端子板 XT_1 的 U 号、V 号、W 号接线端子上，最后用导线接入电动机的 U、V、W 端子。

知识三 三相异步电动机的控制线路

一、三相异步电动机点动控制线路

三相异步电动机点动控制电气原理图、电气安装接线图和布置图见图 3-44 (a)、(b)、(c)。

1. 点动控制的含义

所谓点动控制是指按下按钮，电动机就得电运转；松开按钮，电动机就失电停转。这种控制方法常用于电动葫芦的起重电动机控制。

2. 各低压电器的作用

低压断路器 QF 作电源隔离开关及主电路短路保护；熔断器 FU 作控制电路的短路保护；启动按钮 SB 控制接触器 KM 的线圈得电、失电；接触器 KM 的主触头控制电动机 M 的启动与停止。此线路中主回路短路保护采用低压断路器，而非熔断器，这是因为：主回路出现短路故障时，三相电源应同时切除，防止电动机出现单相运行。

3. 控制线路的工作原理

先合上电源开关 QF。

启动：按下 SB→KM 线圈得电→KM 主触头闭合→电动机 M 启动运转。

停止：松开 SB→KM 线圈失电→KM 主触头分断→电动机 M 失电停转。

停止使用时，断开电源开关 QF。

二、三相异步电动机单向运转控制线路

三相异步电动机单向运转控制线路见图 3-44。

1. 自锁的含义

依靠接触器自身辅助常开触点保持线圈通电的电路，称为自锁或自保持电路，辅助常开触点称为自锁触点。

2. 工作原理

线路的工作原理如下。

先合上电源开关 QF。

启动：按下 SB_1→KM 线圈得电→KM 主触头闭合，常开辅助触头闭合自锁→电动机 M 启动连续运转。

停止：按下 SB_2→KM 线圈失电→KM 主触头分断，KM 自锁触头分断解除自锁→电动机 M 失电停转。

3. 电路中的保护环节

(1) 短路保护

主电路由断路器 QF 实现，控制电路由熔断器 FU 实现。

(2) 过载保护

由热继电器 FR 实现对电动机的过载保护。当电动机过载时，串联在主电路中的 FR 的双金属片因过热变形，经一定时间后，使 FR 的常闭触点打开，切断 KM 线圈回路，电动机停转，实现保护。

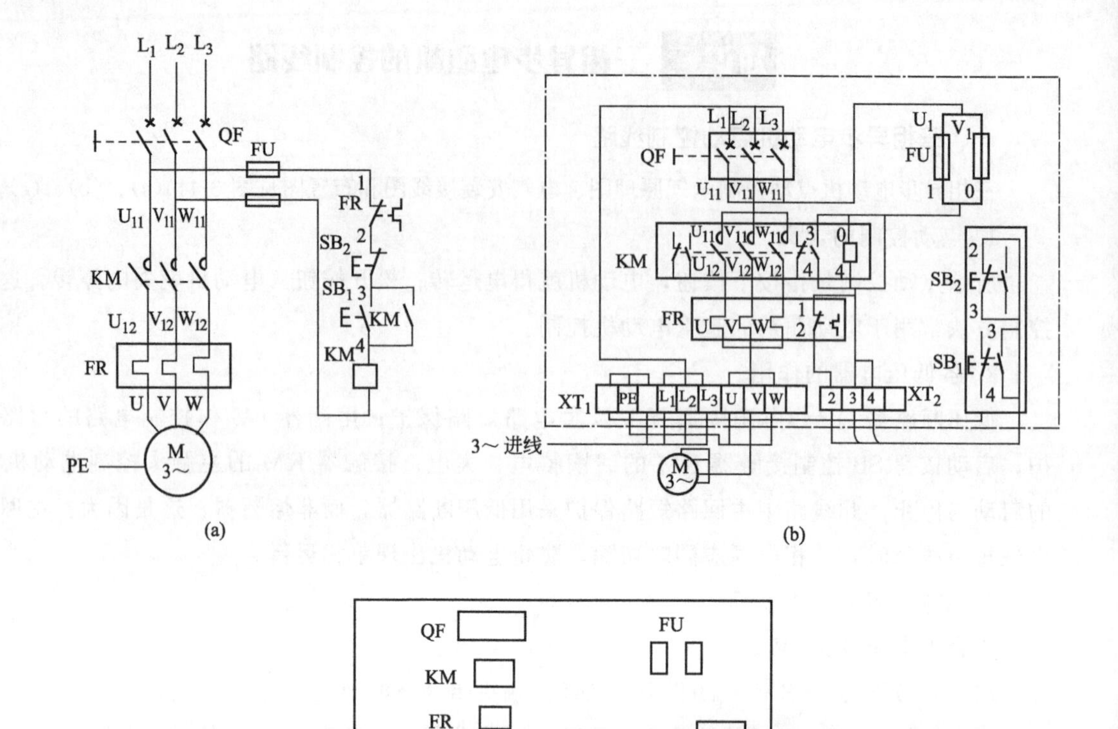

图 3-44 三相异步电动机单向运转控制

QF—断路器；KM—交流接触器；FU—熔断器；FR—热继电器；

SB_1，SB_2—按钮；XT_1，XT_2—端子排

(3) 欠压和失压保护

由接触器 KM 实现。当电源电压由于某种原因降低或突变为零时，接触器电磁吸力急剧下降或消失，使 KM 常开触点断开，电动机停转。当电源电压恢复正常时，电动机不会自行启动，以避免事故发生。

想一想

一台电动机既能点动，又能连续工作的控制线路应该怎样画？

议一议

家用电器中的榨汁机、绞肉机、豆浆机是如何控制的？

三、做一做（三相异步电动机单向运转控制线路的安装及故障判断）

① 熟悉电路。三相异步电动机单向运转控制线路的电气原理图、安装接线图和布置图分别见图 3-45(a)、(b)、(c)。

② 按照图 3-45(c) 的安装布置图安装电气元件。

③ 按图 3-45(a)，参照图 3-45(b)，装接三相异步电动机单向运转控制线路。

④ 对控制线路全面检查后，接通电源。

⑤ 故障设置及故障排除。

按表 3-4 设置故障，并进行故障查找及排除。

表 3-4 三相异步电动机单向运转控制线路故障设置及排除

故障现象	故障点	故障排除方法
按下启动按钮后无法启动		
接触器无自锁		
电动机启动后不能停止		

议一议

家用滚筒洗衣机中的电动机是怎样控制的?

知识拓展 三相异步电动机的异地控制线路

一、控制线路的电气原理图

三相异步电动机异地控制原理图见图 3-45。

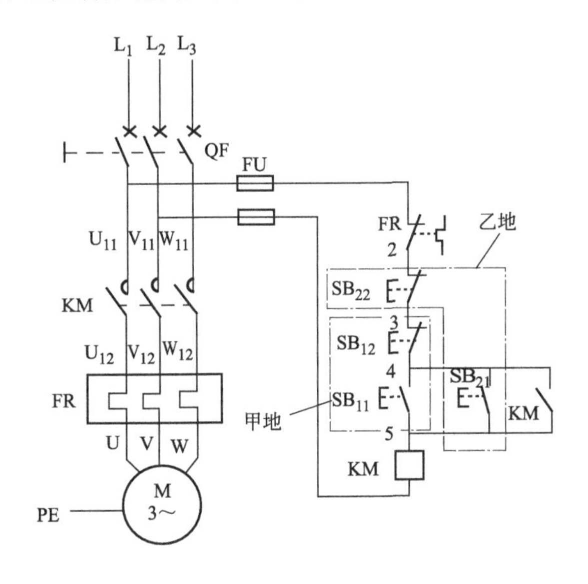

图 3-45 三相异步电动机的异地控制原理图

二、异地控制的接线原则

各启动按钮的常开触点并联连接，各停止按钮的常闭触点串联连接。

议一议

异地控制电动机的工作原理是怎样的?

做做练练

一、选择题

1. 用作电动机过载保护的元件是（　　）。

A. 熔断器　　B. 热继电器

C. 交流接触器　　D. 按钮

2. 低压熔断器的熔体材料应该是（　　）。

A. 细铁丝　　B. 细铜丝

C. 铝锡合金　　D. 细钢丝

二、判断题

1.（　　）熔断器在照明线路中可作过载或短路保护。

2.（　　）热继电器是用作电动机短路保护的。

3.（　　）三极闸刀开关可用作电动机的启动控制开关。

三、问答题

1. 图 3-46 中哪些能实现点动控制，哪些不能？

2. 判断图 3-47 中各控制线路是否正确。

3. 判断图 3-48 中各控制线路是否有自锁作用。

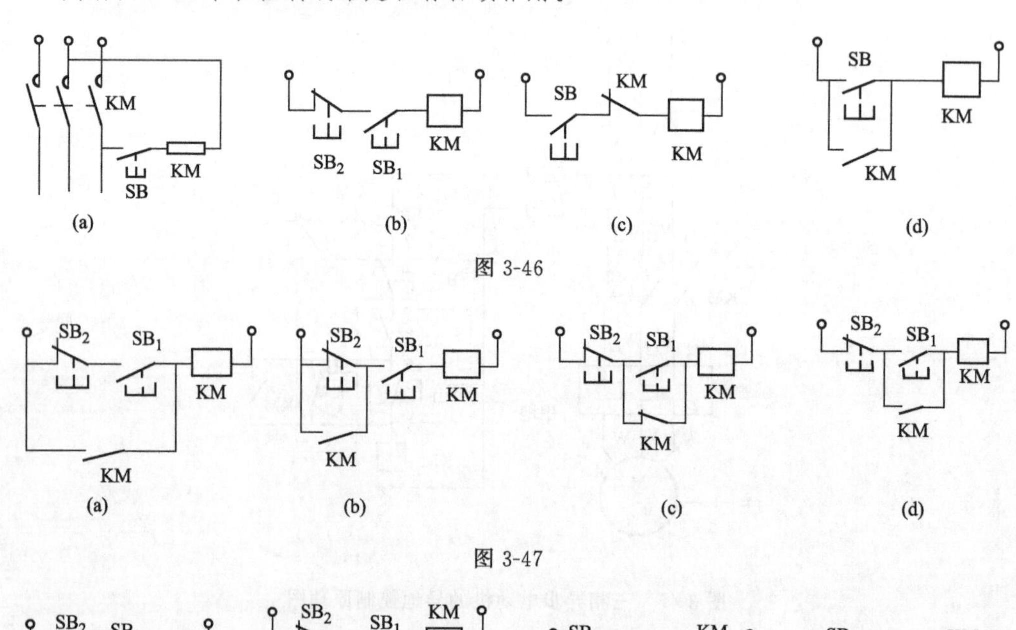

图 3-46

图 3-47

图 3-48

重要提示

1. 不仅磁体能产生磁场，电流也能产生磁场。电流越大，则其周围空间的磁场越强。

2. 判断通电导线周围磁感线绕行方向的方法，可用右手螺旋定则。

3. 磁场对磁场中通电导线的作用力叫做安培力，$F=BIL$。安培力的方向可以用左手定则来判断。

4. 穿过闭合回路中的磁通量发生变化时，闭合回路中就产生了电流，这种现象叫做电磁感应，而产生的电流叫做感应电流。感应电流的方向可以用右手定则来判断。

5. 线圈由于本身的电流发生变化而产生感应电动势的现象叫自感。如果线圈中的电流发生变化，而使附近的另一个线圈产生感应电动势的现象则叫互感。

6. 变压器是由硅钢片叠成的铁芯与套装在其上的绕组所组成。变压器的作用是变换电压、变换电流、变换阻抗。

7. 三相笼型异步电动机由定子和转子组成。电动机的绕组有星形接法和三角形接法。

8. 电动机的转动方向由电动机所接三相电源的相序决定。

9. 铭牌的作用是向使用者简要说明这台设备的一些额定数据和使用方法。

10. 常用的低压电气有刀开关、按钮、自动空气开关、熔断器、交流接触器、热继电器等。

11. 电动机的控制线路有点动控制和单向运行控制。

安全用电

项目一　安全用电基本知识

1997 年 6 月 28 日，某车队司机驾车去洗车，洗车工因沉淀池换水，不给洗车。司机不听，坚持自行洗车，用无插头的电线自接电源，结果触电身亡。

1990 年 8 月 2 日，某厂值班室电工在接线时，误将电源火线接入潜水泵的接地线，使泵体串电，造成操作工人一人触电死亡，一人被电伤。

触电的事故时有发生，因此必须十分注意安全用电，以确保人身、设备、电力系统三方面的安全，防止类似事故再次发生。下面就来学习安全用电的基本知识。

相关知识点：触电与安全电压　安全用电的措施

知识一　触电与安全电压

一、电流对人体的伤害

1. 触电的概念

触电是指人体接触到低压带电体或接近、接触了高压带电体。触电时电流对人体的伤害分为电击、电伤和电磁场伤害。

2. 电击、电伤、电磁场伤害的概念

电击指电流通过人体，使人体内部器官组织受到伤害。这是造成触电死亡的主要原因，也是经常遇到的一种伤害。电伤指电流对人体外部造成的伤害，如电弧灼伤、熔化的金属溅入皮肤造成伤害等。电伤严重时也可致命。电磁场伤害是指在高频磁场的作用下，人会出现头晕、乏力、记忆力减退、失眠、多梦等神经系统的症状。

3. 电流对人体的伤害

电流是危害人体的直接因素，它对人体的伤害主要有以下几点。

① 50Hz 的工频交流电流对人体的伤害最大，当 10mA 电流通过人体时，人就会感到麻痹或剧痛，难以摆脱电源；电流达到 50mA 以上且持续时间超过 1s，就可能危及人的生命。

② 电流从手到手、从手到脚、从脚到脚这三种路径对人体都很危险，特别是从左手经前胸到脚、从一侧手到另一侧脚最危险，因为可能通过人体的重要器官最多。

③ 通过人体的电流取决于作用在人体上的电压和人体的电阻。一般干燥皮肤的人体电

阻大约 2kΩ 左右，若皮肤潮湿或有损伤，电阻就会急剧下降，只有 800Ω 左右。人体电阻减小，电流就会增大，造成的伤害也更大。

二、常见的触电方式

1. 单相触电

在低压电力系统中，若人站在地上接触到一根火线，即为单相触电或称单线触电，如图 4-1 所示。人体接触漏电的设备外壳，也属于单相触电。

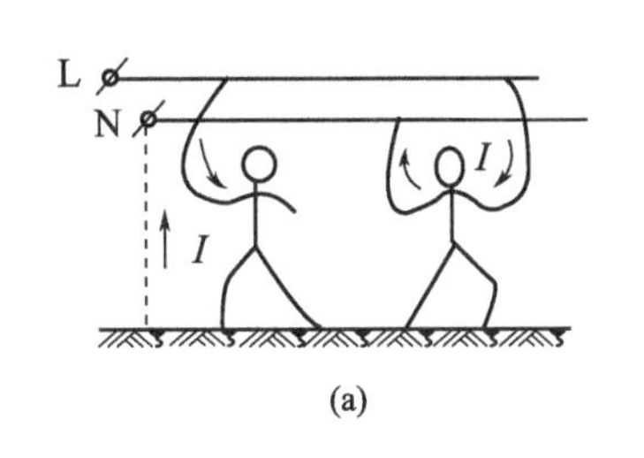

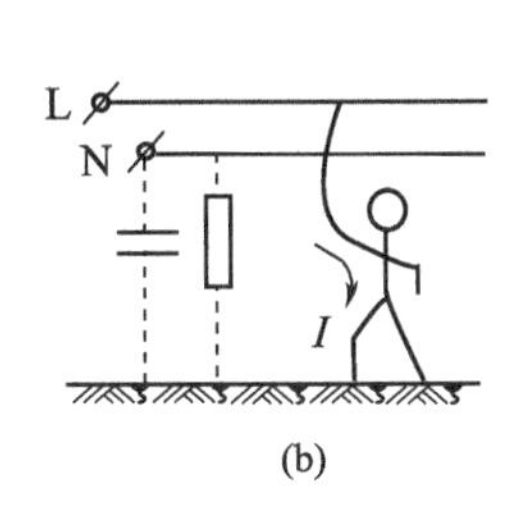

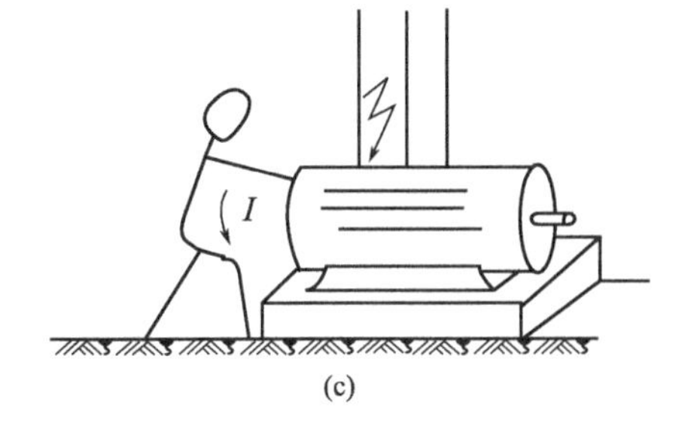

图 4-1 单相触电

2. 两相触电

人体不同部位同时接触两相电源带电体而引起的触电叫两相触电，如图 4-2 所示。

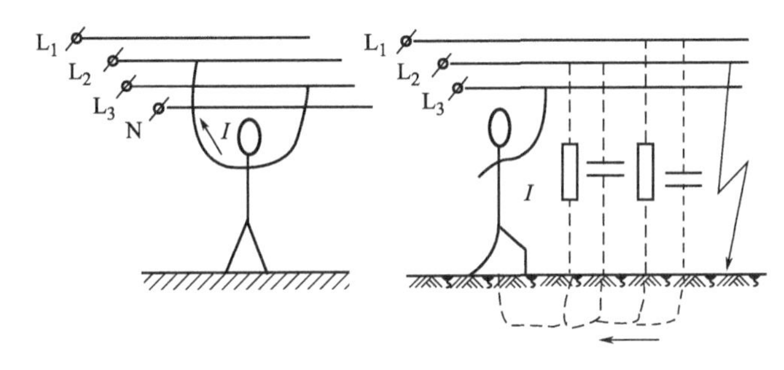

图 4-2 两相触电

3. 跨步电压触电

高压电线因故障接触地面时，在接触点周围 15～20m 的范围内将产生电压降。当人体接近此区域时，两脚之间承受一定的电压，称为跨步电压。由跨步电压引起的触电称为跨步电压触电，如图 4-3 所示。

图 4-3 跨步电压触电

三、安全电压

当通过人体心脏的电流在 1mA 时，就会引起人的感觉，如达到 50mA 以上，就会有生命危险，而达到 100mA 时，只要很短时间就足以致命。

人体电阻通常在 1～100kΩ 之间，在潮湿或出汗的情况下会降低到 800Ω 左右。由 $I=U/R$ 可知，当电压为 36V 时此时通过人体的电流 $I=36\text{V}/800\Omega=0.045\text{A}=45\text{mA}$，小于 50mA，所以我国规定安全电压为 36V 以下。若在潮湿场所、金属构架、多导电和尘埃等环境中工作时安全电压降至 24V 或 12V，环境十分恶劣时降至 6V。

试一试

用万用表测一下自己的人体电阻，每一个同学的人体电阻相同吗？

知识二 安全用电的措施

一、安全用电的基本方针

安全用电的基本方针是“安全第一，预防为主”。

二、安全用电基本措施

1. 合理选用导线和熔丝

在选用导线时应使其载流能力大于实际输电电流，并按表 4-1 规定选择导线的颜色。熔丝额定电流应与最大实际输电电流相符，切不可用导线或铜丝代替。

表 4-1 电源导线的标记及颜色

<table>
<tr><th colspan="2" rowspan="2">电路及导线名称</th><th colspan="2">标　记</th><th rowspan="2">颜　色</th></tr>
<tr><th>电源导线</th><th>电器端子</th></tr>
<tr><td rowspan="4">三相交流电路</td><td>1 相</td><td>L_1</td><td>U</td><td>黄</td></tr>
<tr><td>2 相</td><td>L_2</td><td>V</td><td>绿</td></tr>
<tr><td>3 相</td><td>L_3</td><td>W</td><td>红</td></tr>
<tr><td>零线或中性线</td><td colspan="2">N</td><td>淡蓝色</td></tr>
<tr><td rowspan="3">直流电路</td><td>正极</td><td>L+</td><td>棕色</td><td></td></tr>
<tr><td>负极</td><td>L−</td><td>蓝色</td><td></td></tr>
<tr><td>接地中间线</td><td>M</td><td>淡蓝色</td><td></td></tr>
<tr><td colspan="2">接地线</td><td colspan="2">E</td><td rowspan="3">黄和绿双色</td></tr>
<tr><td colspan="2">保护接地线</td><td colspan="2">PE</td></tr>
<tr><td colspan="2">保护接地线和中性线共用一线</td><td colspan="2">PEN</td></tr>
<tr><td colspan="4">整个装置及设备的内部布线一般推荐</td><td>黑色</td></tr>
</table>

2. 正确使用和安装电气设备

安装电气设备时严禁带电部分外露，注意保护绝缘层，防止绝缘电阻降低而产生漏电，按规定进行接地保护。

3. 开关必须接相线

单相电器的开关应接在相线上，切不可接在零线上，以便在开关关断时维修及更换电器，减少触电的可能。

4. 合理选择照明灯电压

在不同的环境下按规定选用安全电压。在工矿企业一般机床照明灯电压为36V，移动灯具等电源的电压为24V，特殊环境下照明灯电压为12V或6V。

5. 防止跨步电压触电

不得随意触摸高压电气设备，应远离断落地面的高压线8～10m。

三、防止触电的技术措施

1. 绝缘、屏护和间距

绝缘、屏护和间距是最为常见的安全措施，它是防止人体触及或过分接近带电体造成触电事故以及防止短路、故障接地等电气事故的主要安全措施。

（1）绝缘

就是用绝缘物把带电体封闭起来。瓷、玻璃、云母、橡胶、木材、胶木、塑料、布、纸和矿物油等都是常用的绝缘材料。应当注意，很多绝缘材料受潮后会丧失绝缘性能或在强电场作用下，会遭到破坏，丧失绝缘性能。

（2）屏护

即采用遮栏、护罩、护盖箱匣等把带电体同外界隔绝开来。电器开关的可动部分一般不能使用绝缘，而需要屏护。高压设备不论是否有绝缘，均应采取屏护。这样不仅可防止触电，还可防止电弧伤人。

（3）间距

就是保证必要的安全距离。间距除用于防止触及或过分接近带电体外，还能起到防止火灾、防止混线、方便操作的作用。在低压工作中，最小检修距离不应小于0.1m。

2. 接地和接零

（1）接地

接地是指与大地的直接连接，电气装置或电气线路带电部分的某点与大地连接、电气装置或其他装置正常时不带电部分某点与大地的人为连接都叫接地。

（2）保护接地

为了防止电气设备外露的不带电导体意外带电造成危险，将该电气设备经保护接地线与深埋在地下的接地体紧密连接起来的做法称为保护接地。如图4-4(a)所示。当电气设备的绝缘损坏使设备外壳带电时，若人接触到金属外壳，就有短路电流流过人体。由于人体与接地装置的接地电阻并联，只要接地电阻远小于人体电阻（接地电阻应低于4Ω），短路电流就大部分流经接地电阻，从而对人体不会产生伤害。

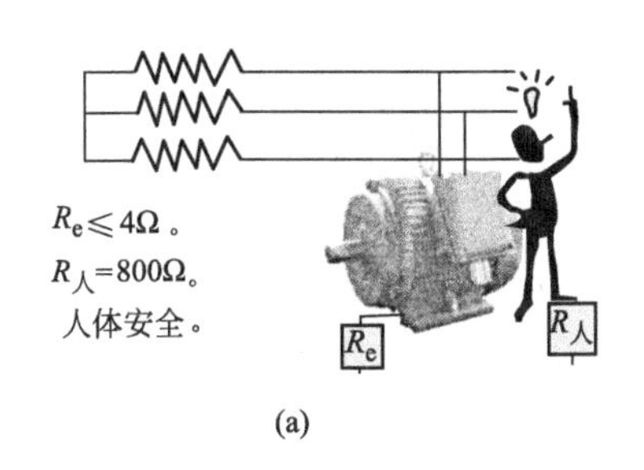

(a)

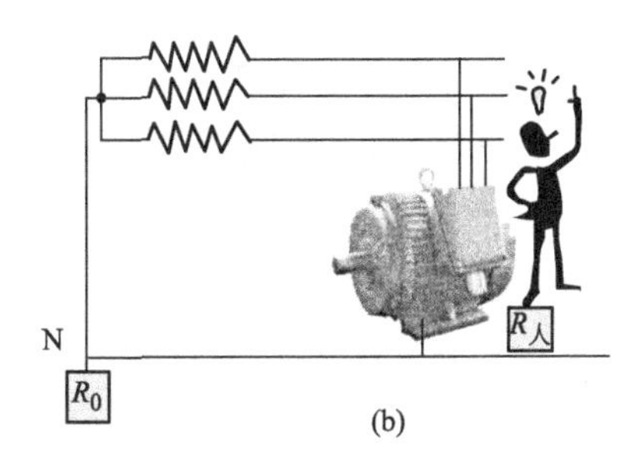

(b)

图4-4 保护接地和保护接零

由于绝缘破坏或其他原因而可能呈现危险电压的金属部分，都应采用保护接地的措施。如电动机、变压器、开关设备、照明灯具及其他电气设备的金属外壳都应接地。保护接地适用于中性点不接地的低压电网。

(3) 保护接零

保护接零就是把电气设备在正常情况下不带电的金属部分与电网的零线紧密地连接起来。如图 4-4(b) 所示。当电气设备发生一相碰壳时，该相就通过金属外壳对零线发生单相对地短路，短路电流就会使保护线路上的保护装置动作，切除故障部分的电流，消除人体触及外壳时的触电危险。

保护接零适用于中性点直接接地的三相四线制系统。注意：单相电路的接零线不允许装设开关和熔断器，如要在零线上装设开关和熔断器，则该零线只能用作工作零线，绝不能再用作保护零线。在同一供电系统中，不允许设备接零、接地并存。

3. 装设漏电保护装置

为了保证在故障情况下人身和设备的安全，应装设漏电流动作保护器。它可以在设备及线路漏电时通过保护装置的检测机构取得异常信号，经中间机构转换和传递，然后促使执行机构动作，自动切断电源起到保护作用。

4. 采用安全电压供电

根据用电场合的要求，按国家安全用电标准供电。

5. 加强绝缘

加强绝缘就是采用双重绝缘或另加总体绝缘，即保护绝缘体以防止通常绝缘损坏后的触电。

看一看

1. 观察家里的家用电器，看有无安全用电的措施。

2. 检查一下教室、实验室、寝室或其他公共场所存在哪些电气安全隐患，并以口头或书面形式报告给老师，看谁发现的问题多。

知识三 安全色与安全标志

一、安全色的种类和含义

① 红色：一般用来标志禁止和停止，如信号灯、紧急按钮均用红色，分别表示“禁止通行”、“禁止触动”等禁止的信息。

② 黄色：一般用来标志注意、警告、危险，如“当心触电”、“注意安全”等。

③ 绿色：一般用来标志安全无事，如“在此工作”、“已接地”。

④ 蓝色：一般用来标志强制执行，如“必须戴安全帽”。

⑤ 黑色：一般用来标志图形、文字符号和警告标志的几何图形。

⑥ 白色：一般用于安全标志红色、蓝色、绿色的背景色，也可用于安全标志的文字和图形符号。

⑦ 黄色与黑色间隔条纹：一般用来标志警告危险，如防护栏杆。

⑧ 红色与白色间隔条纹：一般用来标志禁止通过等。

在使用安全色时，为了提高安全色的辨认率，使其更醒目，常使用对比色作为背景。红色、蓝色、绿色的对比色为白色，黄色的对比色为黑色，黑色与白色互为对比色。

二、安全标志的种类和含义

① 禁止类标志：圆形、背景为白色，红色圆边，中间为一红色斜杆，图像用黑色。常用有“禁止启动”、“禁止烟火”等。

② 警告类标志：等边三角形、背景为黄色，边和图像都用黑色。常用的有“注意安全”、“当心触电”等。

③ 指令类标志：圆形、背景为蓝色，图像及文字用白色。常用的有“必须戴安全帽”等。

④ 提示类标志：矩形、背景用绿色，图像和文字用白色。常用的有“由此上下”等。

电工常用的标志牌样式和用途见表 4-2。

表 4-2 电工常用的标志牌样式和用途

序号	名称	悬挂处所	样式		
			尺寸/mm	颜色	字样
1	禁止合闸，有人工作！	一经合闸即可送电到施工设备的开关和刀开关操作把手上	200×100 和 80×50	白底	红字
2	禁止合闸，线路有人工作！	线路开关和刀开关把手上	200×100 和 80×50	红底	白字
3	在此工作！	室内和室外工作地点或施工设备上	250×250	绿底，中有直径 210mm 的白圆圈	黑字，写于白圆圈中
4	止步，高压危险！	施工地点临近带电设备的遮栏上；室外工作地点的围栏上；禁止通行的过道上；高压试验地点；工作地点临近带电设备的横梁上	250×200	白底红边	黑字，有红箭头
5	从此上下！	工作人员上下的铁架、梯子上	250×250	绿底，中有直径 210mm 的白圆圈	黑字，写于白圆圈中
6	禁止攀登，高压危险！	工作人员上下的铁架附近，可能上下的另外铁架上；运行中变压器的梯子上	250×200	白底红边	黑字
7	已接地	悬挂在已接地的隔离开关操作手柄上	240×130	绿底	黑字

比一比

你还能说出其他的一些安全标志吗？

知识拓展一 触电事故的原因

触电事故发生的原因主要有五个方面。

1. 缺乏电气安全知识

高压方面有在高压线附近放风筝，上高压电杆掏鸟窝等。低压方面有架空线路折断后不停电用手拾火线，黑夜带电接线手摸带电体，用手摸破损的胶盖、刀闸等。

2. 违反操作规程

高压方面有带电拉隔离开关，在高低压共杆架设的线路上检查低压线或广播线，在高压线路下修造房屋接触高压线，修剪高压线附近树木接触高压线等。低压方面有带电换电杆架空线路，带电拉临时照明线、修电动工具、换行灯变压器、搬用电设备，火线误接在电动机的外壳上，用湿手拧灯泡等。

3. 设备不合格

高压方面有高压架空线架设高度离房屋建筑距离不符合规定的安全距离，高压线和附近树木跳高太近，高低压交叉线路低压线误架设在高压线上面，电力线与广播线共杆且线距太近。低压方面有用电设备进出线未包扎好而裸露在外，自制的台灯、收音机漏电碰壳等。

4. 维修不善

大风刮断的低压线路和刮倒的电线杆未及时处理，胶盖、刀闸、胶木盖破损长期不维修，瓷瓶破损后火线与拉线长期相碰，电动机接线破损使外壳长期带电。

5. 偶然因素

大风刮断电力线路落到人体上等。

知识拓展二 接地装置

一、接地体

接地装置包括接地体和接地线。保护接地线是与接地体可靠连接的导线。接地体有自然接地体和人工接地体两类。

1. 自然接地体

自然接地体包括直接与大地可靠接触的金属构件、钢筋混凝土建筑物的基础等。若接地电阻符合要求，一般不另设人工接地体。但可燃液体、气体、供暖系统等金属管道禁止用于保护接地体。利用自然接地体时，应用不少于两根保护接地线在不同地点分别与自然接地体相连。

2. 人工接地体

人工接地体一般应符合下列要求。

① 垂直接地体的钢管壁厚不应小于3.5mm；角钢厚度不应小于4.0mm，垂直接地体不宜少于2根（架空线路接地装置除外），每根长度不宜小于2.0m，极间距离不宜小于其长度的2倍，末端入地0.6m。

② 水平接地体的扁钢厚度不应小于4mm，截面不小于48mm^2，圆钢直径不应小于8mm，接地体相互间距不宜小于5.0m，埋入深度必须使土壤的干燥及冻结程度不会增加接地体的接地电阻值，但不应小于0.6m。

③ 接地体应作防腐处理。

④ 在高土壤电阻率的地带，为能降低接地电阻，宜采用如下措施。

a. 延伸水平接地体，扩大接地网面积。

b. 在接地坑内填充长效化学降阻剂。

c. 如近旁有低土壤电阻率区，可引外接地。

二、对保护接地线要求

① 在 TT 系统中，保护接地线的截面应能满足在短路电流作用下热稳定的要求。

② 在 IT 系统中，保护接地线应能满足两相在不同地点产生接地故障时，在短路电流作用下热稳定的要求，如果满足了下述条件，即满足了本条要求。

a. 接地干线的允许载流量不应小于该供电网中容量最大线路的相线允许载流量的 1/2。

b. 单台受电设备保护接地线的允许载流量，不应小于供电分支相线允许载流量的 1/3。

③ 采用钢质材料作保护接地线时，在 TT 系统中和 IT 系统中，其最小截面应符合表 4-3 的要求。

表 4-3 钢质保护接地线的最小截面 单位：mm^2

类 别	室内	室外	类 别	室内	室外
圆钢直径	5	6	角钢厚度	2	2.5
扁钢截面	24	48	扁钢厚度	3	4

④ 采用铜、铝线作保护接地线时，在 TT 系统中和 IT 系统中，其最小截面应符合表 4-4 的要求。不得用铝线在地下作接地体的引上线。

表 4-4 铜、铝保护接地线的最小截面 单位：mm^2

种 类	铜	铝	种 类	铜	铝
明设裸导线	4.0	6.0	电缆的保护接地芯线	1.0	1.5
绝缘电线	1.5	2.5			

⑤ 钢质保护接地线与铜、铝导线的等效导电截面按表 4-5 确定。

表 4-5 钢质保护接地线与铜、铝等线的等效导电截面

扁钢/mm	铝/mm^2	铜/mm^2	扁钢/mm	铝/mm^2	铜/mm^2
15×2	—	1.3～2.0	40×4	25	12.5
15×3	6	3	60×5	35	17.5～25
20×4	8	5	80×8	50	35
30×4 或 40×3	16	8	100×8	75	47.5～50

三、接地装置的连接

① 接地装置的地下部分应采用焊接，其搭接长度：扁钢为宽度的 2 倍；圆钢为直径的6 倍。

② 地下接地体应有引上地面的接线端子。

③ 保护接地线与受电设备的连接应采用螺栓连接，与接地体端子的连接，可采用焊接或螺栓连接。采用螺栓连接时，应加装防松垫片。

④ 每一受电设备应用单独的保护接地线与接地体端子或接地干线连接，该接地干线至少应有两处在不同地点与接地体相连。禁止用一根保护接地线串接几个需要接地的受电设备。

⑤ 携带式、移动式电器的外露可导电部分必须用电缆芯线作保护接地线或作保护线。该芯线严禁通过工作电流。

做做练练

一、判断题

1. (　　) 我国规定的12V、24V、36V安全电压在任何场合对人都是绝对安全的。

2. (　　) 为防止触电事故，三相三线制配电系统宜采用保护接地的措施。

3. (　　) 单相用电器只需两个接线端与电源相接，为此家用电器的电源插头不需要采用三脚插头。

4. (　　) 触电是指人体接触到低压带电体或接近、接触了高压带电体。

二、填空题

1. 常见的触电方式有__________、__________、__________。

2. 安全用电基本措施有________、________、________、________、________。

3. 安全标志的种类有__________、__________、__________、__________。

4. 触电时电流对人体的伤害分为__________、__________和__________伤害。

三、问答题

1. 人体电阻一般在多大阻值之间？通过多大的电流会形成危及生命的人身触电事故？

2. 鸟站在一根裸露的高压输电线上会不会触电？为什么？

3. 家庭用电中，应如何注意安全用电与节约用电？

4. 常用电气设备上应有哪些安全标志或安全色？

5. 保护接零与保护接地的区别是什么？有何相同之处？

6. 小容量用电器如洗衣机、电冰箱和电风扇等单相交流电源，为什么经常使用三孔插座？第三插孔应如何接线？

7. 安全电压是怎样规定的？

项目二　电气事故的急救处理

电能的广泛应用，给人类生产和生活带来了极大的方便。但是如果使用不当，或者安全意识薄弱，或者电气设备老化等原因，都可能造成触电和电气火灾事故的发生，导致人员伤亡和经济损失，这方面的教训是惨痛的。那么事故发生后应如何紧急处理呢？

相关知识点： 触电急救　电气火灾的紧急处理

知识一　触电急救

触电急救最重要的是动作要迅速、快速、正确地使触电者脱离电源，因为电流通过人体的时间越长，伤害就越重。一般情况下，人触电后，由于痉挛或失去知觉等原因反而紧抓带电体，不能自主摆脱电源，所以尽快地脱离电源是救活触电者的首要因素。但切不可用手直接拉触电者，以防再触电。

一、使触电者脱离电源的方法

1. 在低压触电事故中脱离电源的方法

① 如果触电现场远离开关或不具备关断电源的条件，救护者可站在干燥木板上，用一只手抓住衣服将其拉离电源，如图 4-5 所示。也可用干燥木棒、竹竿等将电线从触电者身上挑开，如图 4-6 所示。

图 4-5 使触电者脱离电源方法（一）

图 4-6 使触电者脱离电源方法（二）

② 如触电发生在火线与大地间，可用干燥绳索将触电者身体拉离地面，或用干燥木板将人体与地面隔开，再设法关断电源。

③ 如手边有绝缘导线，可先将一端良好接地，另一端与触电者所接触的带电体相接，将该相电源对地短路。

④ 也可用手头的刀、斧、锄等带绝缘柄的工具，将电线砍断或撬断。

2. 在高压触电事故中脱离电源的方法

若发生高压触电，应立即通知有关部门停电，不能及时停电的，也可抛掷裸金属线，使线路接地短路，迫使保护装置动作，断开电源，注意抛掷金属线前，应将金属线的一端可靠接地，然后抛掷另一端。

二、触电现场急救

当触电者脱离电源后，应根据触电者的具体情况，迅速对症救护。如果触电者受伤不太严重，应保持空气畅通，解开衣服以利呼吸，静卧休息，不要走动，同时请医生或送医院。如果触电者失去知觉，呼吸和心跳不正常，甚至出现呼吸中断、心脏停止跳动等假死征象时，应立即进行人工呼吸和胸外心脏挤压，直到医生前来救治为止，在送医院途中也不能中断。

1. 触电急救口诀

见触电，要镇静，脱离电源最要紧。高处触电防摔伤，及时急救往下运。心不跳，呼吸停，假死抢救分秒争。现场抢救不能停，一面赶快找医生。进行人工呼吸法，绝不注射强心针。

2. 急救措施

触电急救现场应用的主要救护方法是人工呼吸法和胸外心脏挤压法。

(1) 口对口人工呼吸法

① 人工呼吸法适用情况。人工呼吸法适用于无呼吸但有心跳的触电者。

② 口对口人工呼吸法的方法。口对口人工呼吸法的方法如图4-7所示。在实施救护时，救护者将触电者鼻孔捏紧，深吸一口气后紧贴触电者的口向口内吹气，时间约为2s，吹气完毕后，立即离开触电者的口，并松开触电者的鼻孔，让其自由呼气，时间约3s。如此以每分钟约12次的速度进行。

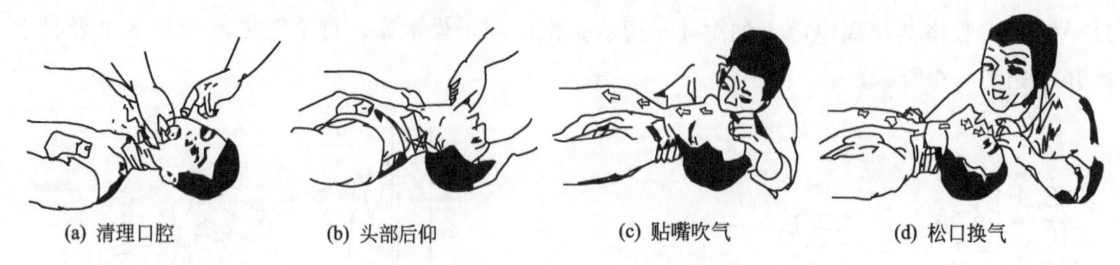

图4-7 口对口人工呼吸法

③ 口对口（鼻）人工呼吸口诀。呼吸停，人缺氧。松领扣，解衣裳。清理口腔防阻塞，鼻孔朝天头后仰。捏紧鼻孔掰开嘴，贴嘴吹气胸扩展。吹气量，看对象，小孩肺小少量吹，吹2s放3s，5s一次最恰当。

(2) 胸外心脏挤压法

① 胸外心脏挤压法适用情况。胸外心脏挤压法适用于有呼吸但无心跳的触电者。

② 胸外心脏挤压法的方法。胸外心脏挤压法的方法如图4-8所示。救护时救护者跪在触电者一侧或骑跪在其腰部两侧，两手相叠，手掌根部放在伤者心窝上方、胸骨下，掌根用力垂直向下挤压，压出心脏里面的血液，挤压后迅速松开，胸部自动复原，血液充满心脏，以每分钟60次速度进行。

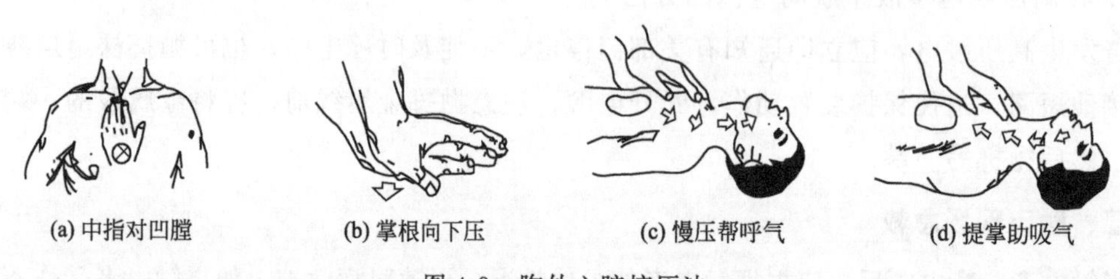

图4-8 胸外心脏挤压法

一旦呼吸和心脏跳动都停止了，应当同时进行口对口人工呼吸和胸外挤压，如现场仅一人抢救，可以两种方法交替使用，每吹气2～3次，再挤压10～15次。一般单人抢救，每按压15次后，吹气2次；双人抢救，每按压5次后，由另一人吹气1次。

③ 胸外心脏挤压法口诀。松领扣，解衣裳，跨腰跪，双手叠。挤压位置要正确，心口窝的稍上方。掌根用力压胸膛，力量轻重看对象。用力轻，效果差，过分用力会压伤。慢点压，快点放，掌根不要离胸膛。每分钟80次向下压。

想一想

1. 当身边的人意外触电的一刹那，你首先应该做什么？

2. 大家都知道，电是非常有用的，但用电有危险吗？你对用电存在危险有过亲身经历或耳闻吗？

知识二　电气火灾的紧急处理

一、产生电气火灾的主要原因

1. 相间短路

① 安装、接线疏忽引起相间短路，如断路器进线接线端子的连接螺钉钮短或未达到国家标准规定值、连接松弛（特别是有振动的场所），使接触电阻增大，时间过长便爆出火花，进而引起相间短路。因为电流短路发生在断路器前面，不流过断路器，故断路器无法保护；而有些短路电流值又未达到上一级保护断路器的动作整定值，上一级断路器不动作（如仅为上一级断路器额定电流的 7 倍，属于延时范围，动作时间为 7s 左右），即在上一级断路器跳闸之前导线已被烧毁，导致电气火灾。

② 裸电线安装太低，金属物不慎碰在电线上；线路上有金属物件或小动物跌落，发生电线之间的跨接。

③ 安装断路器的场所严重潮湿，断路器虽未合闸，但其上的刀开关因疏忽被合上，则在断路器电源端的相间（如连接为裸铜排）因布满水汽，引起相间击穿而短路，致使配电箱被烧，楼房建筑物起火。

④ 架空线路电线间距太小、档距过大、电线松弛，有可能发生两线相碰；架空电线与建筑物、树木距离太近，使电线与建筑物或树木接触；电线机械强度不够，导致电线断落接触大地，或断落在另一根电线上。

⑤ 安装、修理人员接错线路，或带电作业时造成人为碰线，引起相间短路。

2. 电线绝缘层失效

使用绝缘电线、电缆时，没有按具体环境选用，使绝缘受高温、潮湿或腐蚀等影响，失去了绝缘能力；线路年久失修，绝缘层陈旧老化或受损，使线芯裸露；电源过电压使电线绝缘被击穿。

3. 单相接地故障

对于 TT 系统，相线碰外壳或金属管道等引起的短路，通常受接地电阻的限制，短路的电流约 15.7A，多数熔断器或断路器无法在如此小的电流下熔断或跳闸，就会引起打火或电弧；TN 系统的 PE 线端子和接头发生接触不良，不易察觉，一旦发生碰壳等接地故障，将引发高阻抗的电火花或拉电弧，限制了短路电流，使保护电器不能及时动作，而电弧、电火花的局部高温将使易燃物起火。

4. 过载（超负荷）

如导线截面积选择不当，实际负载超过了导线的安全载流量；在线路中接入了过多或功率过大的电气设备，超过了配电线路的负载能力；由于设计时选择的断路器（熔断器）额定电流比线路的允许持续载流量、配电保护整定值大很多，当发生过载时，断路器在规定的时间内不动作，线路就长期处于过载状态，对绝缘、接线端子和周围物体形成损害；线路实际载流量超过设计载流量，其断路器频繁跳闸，无法用电，如强行使用（如用铜丝代替熔丝或拆除断路器)，就会因过载引起火灾；对于大量的单相设备，由于三相负载不平衡，引起某相电压升高，严重时将烧毁单相用电设备，导致起火。

5. 接触电阻过大

如安装质量差，造成导线与导线、导线与电气设备连接点连接不牢；导线的连接处沾有杂质，如氧化层、泥土、油污等；接点由于长期振动或冷热变化，使接头松动；铜铝混接时，由于接头处理不当，在电腐蚀作用下接触电阻会很快增大，线路接通电源之后，电流通过电线、接头和设备就会发热，如果接头接得不好，接触电阻就会增大，同时产生的热量也就多。在一定电流下，电阻越大，发热量就越多，因此有较大接触电阻的线段就会强烈发热，使温度急剧升高，引起导线绝缘层燃烧并引燃附近电线上的粉尘、纤维等物质，造成火灾。

6. 泄漏电流

当用电器或电源插座内部的灰尘增多并遇到雷雨天气或气候潮湿时，因绝缘受损或线路对地电容大，相对地产生泄漏电流，时间略长，将引起火花放电，酿成火灾。

二、电气火灾的预防措施

① 严格按照规范要求设计，提高安装施工质量。

② 选用合格产品。

③ 经常检查电气设备的运行情况，看接头是否松动、有无电火花发生、过载和短路保护装置是否可靠、设备绝缘是否良好、接地是否可靠。

④ 对易燃易爆场所按规定等级选用防爆电气设备，保持良好通风以降低爆炸性混合物浓度。

⑤ 在能产生电火花和危险高温设备周围不应堆放易燃易爆物品。

三、电气火灾的紧急处理

1. 立即切断电源，同时拨打火警电话报警

电气设备发生火灾时，着火的电器、线路可能带电，必须防止火情蔓延和灭火时发生触电事故。电气火灾发生后，切断电源时应遵守的规定如下。

① 对于火势较小、火灾面积不大，用附近消防器材可熄灭的火灾，应断开距火源较近的电源；对于火势较猛、火灾面积较大，用附近消防器材难以熄灭的火灾，应断开距火源较远的电源。

② 断开电源时，必须先断开断路器，然后再切断隔离开关或刀开关。切断距火源较近的开关时必须戴绝缘手套，持绝缘工具。

③ 当火势很猛，来不及用开关切断电源时，可用绝缘钳剪断电线。不同相的电线应在不同部位剪断，以免造成相间短路；在剪断架空线时，断开点要选在电源方向的支持物的后面，这样剪断的电线不会带电。

④ 剪断电线时，必须单根剪断，并用绝缘工具且站在绝缘台（垫）上；剪断高压线必须有安全防护措施和绝缘措施，并戴护目镜。

⑤ 剪断电线时，应先将着火处的负荷断开，在没有负荷的情况下方可剪断电线。

⑥ 在紧急情况下，可用有干燥木柄的铁铲、斧子等有绝缘手柄的工具切断电线，同时

要遵守上述③～⑤条的规定。

⑦ 切断电源时必须有第二人监护，只有在情况特别紧急或将要发生重大危险时可一人操作，但必须遵守上述①～⑥条的规定。

⑧ 切断电源时应考虑回路上其他负载的级别，避免切断后造成更大损失。

⑨ 切断电源时必须考虑在场其他人员的安全。

2. 切断电源后不能用水或普通灭火器灭火

若必须带电灭火，应当注意以下几点。

① 救火人员必须穿绝缘靴、戴绝缘手套，选用不导电的灭火器，如干粉二氧化碳或“1211”等灭火器灭火，也可用干燥的黄沙灭火。

② 带电灭火时，人与带电体之间要保持一定距离，且带电体上应有明显的标志。

③ 对架空线路及空中电气设备灭火时，人体位置与灭火点的仰角不应超过45°，以防导线断落而发生触电。

④ 如有电线断落在地面或出现跨步电压时，应划出相应的安全区，并派专人看护。

带电灭火应由有经验的人进行，并有人监护。

做一做

在相关专业人员的指导下，学会使用灭火器。

知识拓展一 防雷常识

雷电产生的强电流、高电压、高温热具有很大的破坏力和多方面的破坏作用，给电力系统和人类造成严重灾害。

一、雷电形成与活动规律及危害

1. 雷电的形成

雷鸣与闪电是大气层中强烈的放电现象。雷云在形成过程中，由于摩擦、冻结等原因，积累起大量的正电荷或负电荷，产生很高的电位。当带有异性电荷的雷云接近到一定程度时，就会击穿空气而发生强烈的放电，这就是雷电。

2. 雷电活动规律

南方比北方多，山区比平原多，陆地比海洋多，热而潮湿的地方比冷而干燥的地方多，夏季比其他季节多。

一般来说，下列物体或地点容易受到雷击。

① 空旷地区的孤立物体、高于20m的建筑物，如水塔、尖形屋顶、烟囱、旗杆、天线、输电线路杆塔等。在山顶行走的人畜，也易遭受雷击。

② 金属结构的屋面，砖木结构的建筑物或构筑物。

③ 特别潮湿的建筑物、露天放置的金属物。

④ 排放导电尘埃的厂房、排废气的管道和地下水出口、烟囱冒出的热气（含有大量导电质点、游离态分子）。

⑤ 金属矿床、河岸、山谷风口处、山坡与稻田接壤的地段、土壤电阻率小或电阻率变

化大的地区。

3. 雷电的危害

雷击的破坏和危害，主要是电磁性质的破坏，机械性质的破坏，热性质的破坏，跨步电压破坏。

二、常用避雷装置及工作原理

常用的避雷装置有避雷针、避雷线、避雷网、避雷带和避雷器等。

1. 避雷针

避雷针是一种尖形金属导体，装设在高大、凸出、孤立的建筑物或室外电力设施的凸出部位。其基本结构如图 4-9 所示，利用尖端放电原理，将雷云感应电荷积聚在避雷针的顶部，与接近的雷云不断放电，实现地电荷与雷云电荷的中和。单支避雷针的保护范围是从空间到地面的一个折线圆锥形，如图 4-10 所示。

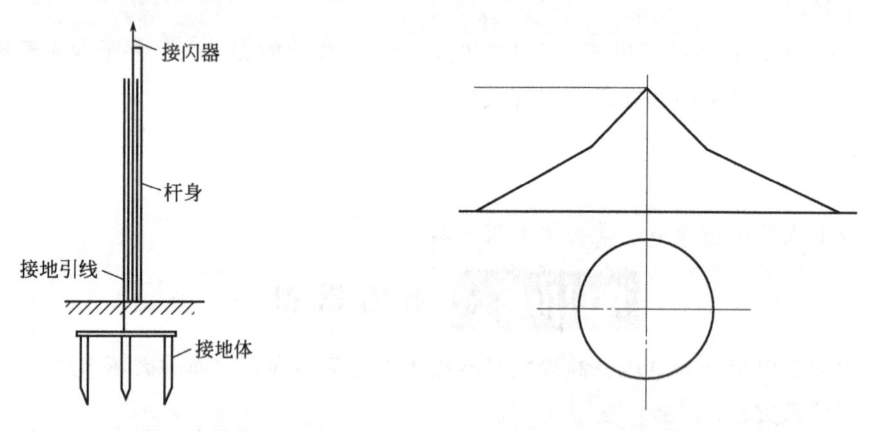

图 4-9　避雷针基本结构

图 4-10　单支避雷针的保护范围

2. 避雷线、避雷网和避雷带

保护原理与避雷针相同。避雷线主要用于电力线路的防雷保护，避雷网和避雷带主要用于工业建筑和民用建筑的保护。

3. 避雷器

有保护间隙、管形避雷器和阀形避雷器三种，其基本原理类似。

正常时，避雷器处于断路状态。出现雷电过电压时发生击穿放电，将过电压引入大地。过电压终止后，迅速恢复阻断状态。

三种避雷器中，保护间隙是一种最简单的避雷器，性能较差。管形避雷器的保护性能稍好，主要用于变电所的进线段或线路的绝缘弱点。工业变配电设备普遍采用阀形避雷器，通常安装在线路进户点。其结构如图 4-11 所示，主要由火花间隙和阀片电阻组成。火花间隙由铜片冲制而成，用云母片隔开，如图 4-12 所示。

三、防雷常识

① 为防止感应雷和雷电侵入波沿架空线进入室内，应将进户线最后一根支承物上的绝缘子铁脚可靠接地。

② 雷雨时，应关好室内门窗，以防球形雷飘入；不要站在窗前或阳台上、有烟囱的灶

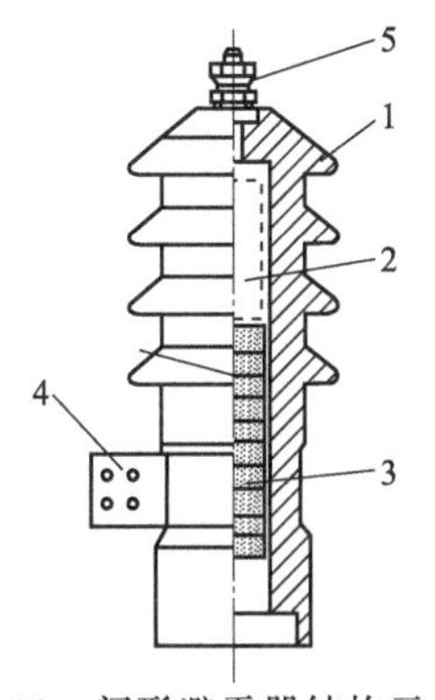

图 4-11　阀形避雷器结构示意图

1—瓷套；2—火花间隙；3—电阻阀片；4—抱箍；5—接线鼻

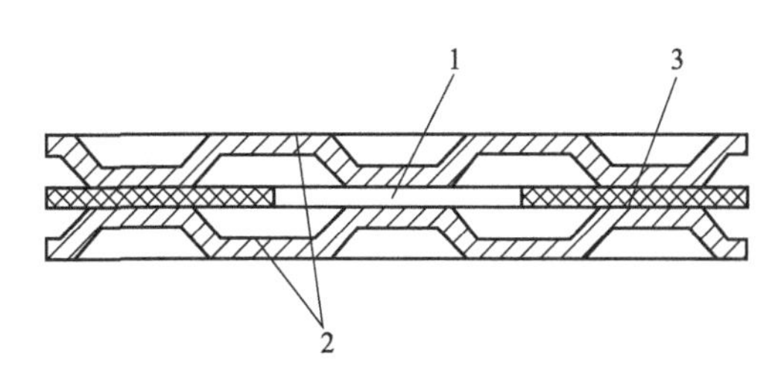

图 4-12　阀形避雷器火花间隙结构示意图

1—空气间隙；2—黄铜电极；3—云母垫圈

前；应离开电力线、电话线、无线电天线 1.5m 以外。

③ 雷雨时，不要洗澡、洗头，不要呆在厨房、浴室等潮湿的场所。

④ 雷雨时，不要使用家用电器，应将电器的电源插头拔下。

⑤ 雷雨时，不要停留在山顶、湖泊、河边、沼泽地、游泳池等易受雷击的地方；最好不用带金属柄的雨伞。

⑥ 雷雨时，不能站在孤立的大树、电杆、烟囱和高墙下，不要乘坐敞篷车和骑自行车。避雨应选择有屏蔽作用的建筑或物体，如汽车、电车、混凝土房屋等。

⑦ 如果有人遭到雷击，应不失时机地进行人工呼吸和胸外心脏挤压，并送医院抢救。

知识拓展二　电气火灾消防知识

一、电气火灾发生后，工作人员的职责及电气火灾消防灭火的程序和内容

电气火灾发生后，工作人员要立即投入到灭火中去，根据火灾的特点及灭火程序，选择合适的灭火方法及灭火器，迅速灭火。任何退缩、逃离火场、推卸责任都是错误的，情节严重的要负刑事责任。电气火灾发生后应立即切断电源，拨打火警电话，利用现场的消防器材迅速扑灭火灾。电气负责人应按平时演习的布置和现场火警情况指挥工作人员抢救，处理火场有关事宜。组织并引导在场的妇女、儿童、老人和其他无关人员疏散。组织有关人员抢救、疏散物资。工作人员要配合公安消防人员灭火、担任警戒，并向扑救人员讲明火场哪儿有电、哪儿无电、电压等级和其他现场情况。火扑灭后，清理现场，修复电气装置，迅速恢复供电。

二、常用灭火器的主要性能及使用方法

任何灭火器的使用都应按其产品使用说明书的要求进行，由于产品的更新换代，使用方法和注意事项也略有不同，这里介绍的是一般常用方法。

1. CO_2 灭火器

CO_2 灭火器使用时（见图 4-13），先拔出保险销子，然后用手紧握喷射喇叭上的木柄，另一只手按动鸭舌开关或旋动转动开关，提握机身，喇叭口指向火焰，即可灭火。当 CO_2 喷射时，人要站在上风头，尽量接近火源，因为它的喷射距离很近，一般为 3～5m，灭火

时先从火势蔓延最危险的一边喷起，然后向前移动，不留下火星。室内灭火要保证通风。灭火时一定要握住喇叭口的木柄，以免将手冻坏。

图 4-13　CO_2 灭火器的使用

2. CCl_4 灭火器

CCl_4 灭火器的使用见图 4-14，泵浦式 CCl_4 灭火器使用方法极为简单，旋开手柄，推动活塞，CCl_4 就能从喷嘴处喷射出来；打气式 CCl_4 灭火器使用时，一手握住机身下端，并用手指按住喷嘴，另一只手旋动手柄，前后抽动打气，气足后放开手指，CCl_4 就会喷出，然后边喷边打气可继续使用；储压式 CCl_4 灭火器的使用极为简单，只要旋动气压开关，CCl_4 立即喷出。CCl_4 有毒，使用时注意通风。

图 4-14　CCl_4 灭火器的使用

3. 手提式泡沫灭火器

手提式泡沫灭火器的使用见图 4-15，一手握住提环，一手握住底边，然后将其倒置，轻轻摇动几下，泡沫就会喷射出来。

图 4-15　泡沫灭火器的使用

4. 干粉灭火器

干粉灭火器（见图 4-16）使用时，先把灭火器竖立在地上，一手握紧喷嘴胶管，另一手拉住提环，用力向上一拉并向火源移动（一般保持 5m 左右），喷射出的白色粉末即可灭火。

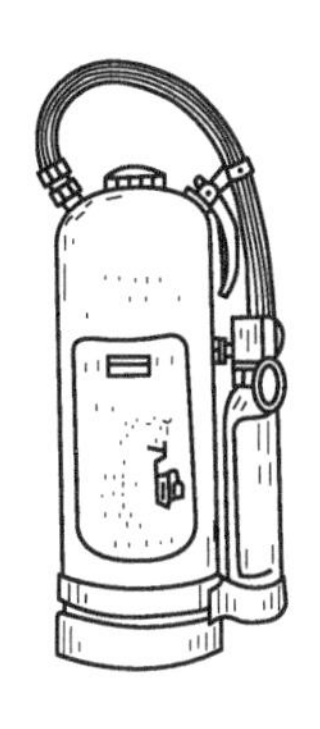

图 4-16 干粉灭火器

5. 1211 灭火器

1211 灭火器是用加压的方法将二氟一氯一溴甲烷液化罐装在容器里，使用时只要将开关打开，“1211”立即呈雾状喷出，遇到火焰迅速成为气体将火灭掉。

三、常用灭火器的主要性能及使用、保管注意事项

常用灭火器的主要性能及使用、保管注意事项见表 4-6。

表 4-6 常用灭火器的主要性能及使用、保管注意事项

灭火器种类	CO_2 灭火器	CCl_4 灭火器	干粉灭火器	“1211”灭火器	泡沫灭火器
规格	2kg 以下 2～3kg 5～7kg	2kg 2～3kg 5～8kg	8kg 50kg	1kg 2kg 3kg	10L 65～130L
药剂	瓶内装有压缩成液态的 CO_2	瓶内装有 CCl_4 液体，并加有一定压力	钢筒内装有钾盐或钾盐干粉，并备有盛装压缩气体的小钢瓶	钢筒内装有二氟一氯一溴甲烷，并充填压缩气体	筒内装有碳酸氢钠、泡沫剂和硫酸铝溶液
用途	不导电，扑救电气、精密仪表、油类和酸类火灾，不能扑救钾、钠、镁、铝等物质火灾	不导电，扑救电气设备火灾，不能扑救钾、钠、镁、铝、乙炔、二硫化碳等火灾	不导电，可扑救电气设备火灾，扑救石油、石油产品、油漆、有机溶剂、天然气和天然气设备火灾，不宜扑救旋转电机火灾	不导电，扑救油类、化工化纤原料等初起火灾	有一定导电性，扑救油类或其他易燃液体火灾。不能扑救忌水和带电物体火灾
效能	接近着火点，保持 3m 远	3kg 喷射时间 30s，射程 7m	8kg 喷射时间 14～18s，射程 4.5m，50kg 喷射时间 50～55s，射程 6～8m	1kg 喷射时间 6～8s，射程 2～3m	10L 喷射时间 60s，射程 8m，65L 喷射时间 170s，射程 13.5m
使用方法	一手拿好喇叭口对着火源，另一只手打开开关即可	只要打开开关，液体就可喷出	提起圈环，干粉即可喷出	拔下铅封或横锁，用力下压即可	倒过来稍加摇动，打开开关，药剂即喷出
保养和检查方法	保管：置于取用方便的地方；注意使用期限；防止喷嘴堵塞；冬季防冻、夏季防晒检查：CO_2 灭火器，每月测量一次，当低于原重量 1/10 时，应充气；CCl_4 灭火器，应检查压力情况，少于规定压力时应充气		置于干燥通风处，防受潮日晒。每年抽查一次干粉是否受潮或结块。小钢瓶内的气体压力，每半年检查一次，如重量减少 1/10，应换气	置于干燥处，勿摔碰。每年检查一次重量	一年检查一次，泡沫发生倍数低于 4 倍时，应换药

做做练练

一、填空题

1. 触电急救最重要的是动作要______、______、______地使触电者脱离电源。

2. 触电急救现场应用的主要救护方法是__________法和__________法。

二、选择题

1. 由电气故障引起火灾时应该使用（　　）灭火。

A. 二氧化碳灭火器　　B. 水　　C. 酸性泡沫灭火器

2. 发现有人触电时应该（　　）。

A. 马上报警　　B. 迅速通知医院　　C. 使触电者尽快脱离电源

三、问答题

1. 产生电气火灾的主要原因有哪些？

2. 若遇人身触电事故时，应如何进行抢救？

3. 什么叫电气火灾？在电气火灾的紧急处理中应注意哪些事项？

重要提示

1. 触电是指人体接触到低压带电体或接近、接触了高压带电体。触电时电流对人体的伤害分为电击、电伤和电磁场伤害。

2. 常见的触电方式有单相触电、两相触电、跨步电压触电。

3. 我国规定安全电压为36V以下。

4. 安全用电基本措施有：合理选用导线和熔丝，正确使用和安装电气设备，开关必须接相线，合理选择照明灯电压，防止跨步电压触电。

5. 防止触电的技术措施有：绝缘、屏护和间距，保护接地和接零，装设漏电保护装置，采用安全电压供电，加强绝缘。

6. 安全标志的种类有禁止类、警告类、指令类、提示类标志。

7. 触电急救最重要的是动作要迅速、快速、正确地使触电者脱离电源。

8. 触电急救现场应用的主要救护方法是人工呼吸法和胸外心脏挤压法。

9. 产生电气火灾的主要原因是相间短路、电线绝缘层失效、单相接地故障、过载(超负荷)、接触电阻过大、泄漏电流。

10. 电气火灾的紧急处理方法有立即切断电源，同时拨打火警电话报警；切断电源后不能用水或普通灭火器灭火。

参 考 文 献

[1] 曾祥福等. 电工技术. 北京：高等教育出版社，2001.
[2] 周辉等. 维修电工. 北京：化学工业出版社，2003.
[3] 白公. 电工安全技术 365 问. 北京：机械工业出版社，1999.
[4] 邵展图. 电工学. 北京：中国劳动社会保障出版社，2007.
[5] 马克联. 电工基本技能实训指导. 北京：化学工业出版社，2001.
[6] 张玲. 电工技术与应用实践. 北京：化学工业出版社，2006.
[7] 叶文苏. 电工入门. 合肥：安徽科学技术出版社，2005.
[8] 谭胜富. 电工与电子技术. 北京：化学工业出版社，2006.
[9] 陈春霖等. 电工安全技术. 天津：天津科学技术出版社，1994.